普通高等学校"十四五"规划药学类专业特色教材
普通高等学校药学实验类精品教材

药用植物学实验

顾　问◎万定荣　付海燕　江　莹　杨春洪

主　编◎李小军（中南民族大学）

　　　　汪文杰（湖北中医药大学）

　　　　任永申（海南大学）

副主编◎艾洪莲　刘新桥　刘双青

编　委◎王　静　何姗姗　江名忠　王越萱

　　　　马冰玉　左檬翰　李　涵　卢心雨

　　　　黎姚秀　周　玲

华中科技大学出版社
http://press.hust.edu.cn
中国·武汉

内 容 简 介

　　本书根据药学类专业人才培养目标和学科教学特点,以传统实践教学体系为框架,以学科基本技能训练内容为依据,汇集一线教师的教学经验,图文并茂地介绍了药用植物学常见的实验手段和技术,包括光学显微镜的结构与使用,观察植物细胞的基本结构及后含物,分生、基本、保护、机械组织观察,根、茎、叶、花、果实和种子的观察,植物检索表的使用与编制,校园大型真菌分类鉴定,野外采药等十二个实验,附录部分介绍了常用的植物制片方法及染色方法、植物形态和显微图的绘制。

　　本书可作为高等医药院校药学、中药学、中药资源与开发及相关专业的药用植物学实验课程的配套教材,也可作为从事药学研究及药学爱好者的参考读物。

图书在版编目(CIP)数据

药用植物学实验/李小军,汪文杰,任永申主编.—武汉:华中科技大学出版社,2024.6
ISBN 978-7-5772-0430-7

Ⅰ.①药…　Ⅱ.①李…　②汪…　③任…　Ⅲ.①药用植物学-实验-教材　Ⅳ.①Q949.95-33

中国国家版本馆 CIP 数据核字(2024)第 082231 号

药用植物学实验　　　　　　　　　　　　　　　　　　李小军　　汪文杰　　任永申　主编
Yaoyong Zhiwuxue Shiyan

策划编辑:王汉江　傅　文
责任编辑:刘艳花
封面设计:廖亚萍
责任校对:李　琴
责任监印:周治超

出版发行:华中科技大学出版社(中国·武汉)　　　电话:(027)81321913
　　　　　武汉市东湖新技术开发区华工科技园　　　邮编:430223

录　　排:武汉市洪山区佳年华文印部
印　　刷:武汉市洪林印务有限公司
开　　本:787mm×1092mm　1/16
印　　张:8
字　　数:183 千字
版　　次:2024 年 6 月第 1 版第 1 次印刷
定　　价:48.00 元

前言

  药用植物学是药学和中药学等专业最基础的学科之一,是生药学、中药资源学、中药学、天然药物化学等学科的前置学科,是一门实践性很强的学科,需要开展大量的实验才能掌握这门学科,为了更好地培养具备扎实基础和实践能力的专业人才,本书应运而生。本书是"药用植物学实验"课程的指导用书,旨在为高等医药院校药学、中药学、中药资源与开发及相关专业的学生提供一个全面、系统的药用植物学实验学习指南。

  药用植物学实验关注药用植物的器官和组织结构特点,关注后含物的识别,关注药用植物的采集、鉴别和分类。本书配套的课程不仅是理论学习的延伸,更是对学生动手能力和实践思维的培养。

  本书写作目的在于提供一个结合理论与实践的学习平台,使学生能够通过实验加深对药用植物学的理解。我们注重实验操作的准确性与科学性,同时强调理论知识的实际应用。

  本书内容丰富,图文并茂,共有十二个实验。从光学显微镜的使用到根、茎、叶、花、果实和种子的观察,再到野外采药,本书详尽地介绍了药用植物学的基本实验方法。每个实验都配有详细的步骤说明和丰富的图例,方便学生自学和参考。其中,最后两个实验及附录是本书特色部分,本书既可作为教材,也可作为查阅相关实验步骤的工具书。本书另一大特色是利用图片对各个基本结构的细节进行了直观的展示和详细的描述,可以引导读者快速识别。与同类书籍相比,本书更注重实验操作的细节和实用性,同时将理论知识、实践操作与专业最新进展紧密结合,更符合当下药学教育的需求。在学习本书之前,建议学生先完成基础的生物学相关课程的学习,以便更好地理解和掌握本书内容。

另外,民族药学国家级实验教学示范中心(中南民族大学)网站展示了中南民族大学药学院学生 2015 年至今在野外采药实习中所制作的药用植物标本,感兴趣的读者可以扫描封底的二维码查看。

本书是团队合作的结晶。特别感谢中南民族大学、湖北中医药大学、海南大学的领导和教师们的大力支持。同时,也要感谢中南民族大学药学院的同学们提供宝贵的图片资料。本书的出版得到了中南民族大学本科教材建设项目的资助,在此一并表示感谢。

尽管我们已尽最大努力确保内容的准确性和实用性,但由于知识的广泛性和复杂性,本书难免有疏漏和错误之处。我们诚挚欢迎广大读者批评、指正,并希望本书能为药学教育和研究做出贡献。衷心祝愿每一位读者通过本书的学习,不仅能掌握药用植物学的基本实验技能,还能对药用植物学研究充满兴趣和热情。

编　者

2024 年 3 月

CONTENTS

目录

实验室注意事项

（1）实验课是培养学生独立思考、理论联系实际、灵活应用能力的重要手段，也是进行科研工作的基础，必须严肃、认真。

（2）准时上实验课，不得无故缺席，不得迟到、早退，按指定座位就座，使用相应的显微镜。

（3）实验前必须通过预习本次实验，明确实验的目的、要求、内容、方法和步骤。实验时要认真观察、独立思考、做好记录，实验完毕后要按时交实验报告。

（4）当老师讲解实验时，要专心听讲，并做必要的记录。在实验中如有疑问请举手，不准大声喧哗。

（5）爱护实验室仪器设备，按操作规程使用显微镜，节约水、电，以及擦镜纸、试剂等消耗物质。损坏仪器必须登记，按规定赔偿。

（6）实验必需用品：教科书、绘图用具（HB、2H 铅笔各一支，橡皮，尺子等）和实验记录本。

（7）保持实验室清洁、整齐，实验用具用完后要擦洗干净，放回原处。每次实验完毕，要做好室内清洁卫生。离开实验室时要关好水、电、门、窗。

（8）注意安全，必须按规定穿戴必要的工作服，使用化学药品时注意防毒、防爆、防火；用电时防止触电、短路、火灾；使用刀具、玻片、解剖针等尖利物品时避免误伤。

实验一

光学显微镜的结构与使用

▉▍ 一、实验目的

了解显微镜的基本结构，学习如何正确地使用显微镜观察标本。

▉▍ 二、实验仪器

光学双目显微镜如图 1-1 所示。

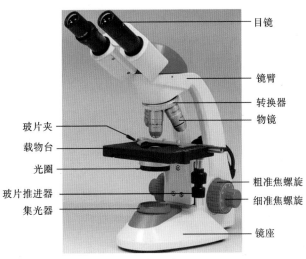

图 1-1　光学双目显微镜

物镜:由若干透镜组成的透镜组,对物像进行第一次放大。

目镜:将物镜放大的物像再次放大。

粗准焦螺旋:使载物台大幅度上下移动,初步调焦,使视野较清晰。

细准焦螺旋:使载物台小幅度上下移动,进一步调焦,使视野更清晰。

转换器:进行不同物镜的转换。

玻片夹:固定玻片。

玻片推进器:使玻片前、后、左、右移动。

光圈:调节视野亮度,调节成像质量。

集光器:有较好的聚光能力。

镜臂:连接镜座与镜筒,支撑镜筒。

镜座:稳住镜身。

三、实验材料

玻片标本。

四、实验步骤

(1) 放置显微镜。置显微镜于平整的实验台上,使镜座距实验台边缘约 10 cm 的距离。连接电源,打开光源开关。

(2) 调节目镜。需使用两只眼睛观察双目显微镜。由于每个人的两眼间距不同,可调节两个镜筒之间的拉板找到合适自己的目镜间距。当双眼视野重合为一个圆形视野时,调节完成。

(3) 放置玻片。转动物镜转换器,将物镜转换到"4×"倍数,转动粗准焦螺旋,使载物台到达最低处。拉开玻片夹,将要观察的玻片标本放在玻片夹的凹槽处,使玻片夹紧,再放开玻片夹。转动粗准焦螺旋,使载物台到达最高点。

(4) 低倍物镜的使用。向下转动粗准焦螺旋,初步调焦,直到物像大致清晰,再调节细准焦螺旋,使物像更加清晰。

(5) 高倍物镜的使用。转动玻片推进器,使目标物体到达视野中央,转动转换器至"10×"或"40×"倍数,调节细准焦螺旋,使物像清晰。

五、思考题

(1) 什么是物镜的同焦现象?(20 分)它在显微镜观察中有什么意义?(30 分)

(2) 影响显微镜分辨率的因素有哪些?(50 分)

■Ⅱ 六、知识点

（1）物镜上标记的含义。

物镜如图 1-2 所示。

（a）　　　　　　（b）　　　　　　（c）　　　　　　（d）

图 1-2　物镜

以图 1-2（c）物镜为例：

$$40/0.65$$
$$160/0.17$$

意义为

物镜倍数＝40 倍；　　　　数值孔径＝0.65

机械筒长＝160 mm；　　　盖玻片厚度＝0.17 mm

物镜倍数：放大倍数，一般有"4×""10×""20×""40×""60×""100×"倍数。"100×"物镜通常为油镜，有"OIL"字样。

数值孔径：其数值越大，成像越清晰。

机械筒长：目镜到物镜的距离。

盖玻片厚度：标准盖玻片的厚度，盖上此厚度的盖玻片才能获得最佳效果。如果盖玻片的厚度不标准，光线从盖玻片进入空气产生折射后的光路就发生改变，从而产生像差（覆盖差）。如果盖玻片太厚，则不该进入物镜的光线会进入物镜；如果盖玻片太薄，则应该进入物镜的光线却不能进入。覆盖差的产生影响显微镜的成像质量。油镜不存在覆盖差问题，但是使用油镜时，若盖玻片太厚，超过了工作距离，则无法调焦。

（2）为什么光学显微镜的分辨率是有限的？

光学显微镜的分辨能力是有极限的，这是光的波动性决定的，而不是透镜性质决定的。显微镜的分辨率是指它能清晰地分辨试样两点间最小距离 d 的能力，是决定显微镜观察效果的重要指标。$d=0.61\lambda/\mathrm{NA}$(有利条件下,可达到 $d=0.5\lambda/\mathrm{NA}$),其中 λ 为可见光波长,NA 是数值孔径($\mathrm{NA}=n\times\sin\alpha,n$ 为光通过介质的折射率,α 为给定物镜的孔径角)。图 1-2(a)中 4 倍物镜数值孔径为 0.10,一般取波长 550 nm(为眼睛敏感的黄绿光)计算,其分辨率为 3.4 $\mu\mathrm{m}$。同理,100 倍物镜分辨率为 268.4 nm。想要提高分辨率,就要尽可能减小波长,增大数值孔径,由于可见光波长范围限制,外加数值孔径提升有限,目前普通光学显微镜最高的分辨率在 200 nm 左右。

可放大 100 倍的物镜被称为油镜,使用时需在盖玻片上滴一滴香柏油或液状石蜡来增加镜头和玻片之间的折射率 n(1.52 左右),从而提高分辨率。

(3)目镜量尺。目镜量尺又称目镜测微尺,是一种放置在目镜桶内的标尺,是直径 18~20 mm 的圆形玻璃片,其上刻有各种形状的标尺,有直线式和网格式等,如图 1-3 所示。测量长度的标尺为直线式,在圆形玻璃的中央,划有精确的平行刻度线,全长 1 cm 或 5 mm,等分成 100 个小格(即每一小格长 0.1 mm)或 50 个小格。测量面积或计算数目的为网格式目镜测微尺。

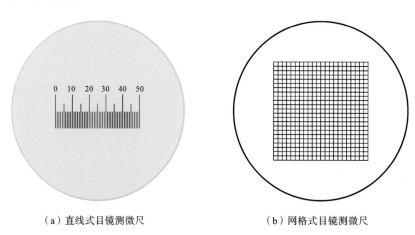

（a）直线式目镜测微尺 　　　　　（b）网格式目镜测微尺

图 1-3 目镜测微尺

目镜测微尺是用于直接测量物体的,每小格对应物体的长度未知,因此,必须用镜台测微尺校正,确定目镜测微尺在不同条件下每一小格代表的实际长度。

镜台测微尺是在一块载玻片的中央,用树胶封固一圆形的测微尺,长 1~2 mm,分成 100 或 200 格,每格实际长度为 0.01 mm(10 $\mu\mathrm{m}$)。

使用方法如下。

(1)使用时,将一侧目镜从镜筒中拔出,旋出接目透镜,将目镜测微尺放在目镜的光阑上,使有刻度的一面朝下,再将接目透镜旋上复位,插回镜筒中。

(2)将镜台测微尺刻度向上放在载物台上夹好,使目镜测微尺分度位于视野中央。调焦至能看清镜台测微尺的分度。

(3)小心移动镜台测微尺和转动目镜测微尺,使两尺左边的某一刻度线重合,然后由左向右找出两尺另一侧重合的刻度线。

（4）纪录两条重合线间目镜测微尺和镜台测微尺的格数。计算目镜测微尺每格代表的实际长度,公式如下:

$$目镜测微尺每格代表的实际长度 = \frac{两重合线间镜台测微尺的格数}{两重合线间目镜测微尺的格数} \times 10 \; \mu m$$

（5）取下镜台测微尺,换上需要测量的玻片标本,用目镜测微尺测量标本长度,镜台测微尺及其刻度放大图如图 1-4 所示。

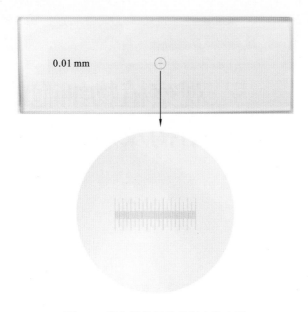

0.01 mm

图 1-4　镜台测微尺及其刻度放大图

（江名忠）

实验二

观察植物细胞的基本
结构及后含物

▆▊▏ 一、实验目的

本次实验通过显微镜观察植物细胞的基本结构和后含物。经过本次实验,大家可以了解植物细胞基本构造,掌握后含物的形态特征。

(1)掌握植物细胞的基本结构。

(2)识别植物细胞的各种后含物。

(3)掌握水合氯醛透化制片法、临时制片法。

(4)掌握草酸钙晶体的类型和形态。

(5)学习并掌握绘制植物组织显微结构的方法。

▆▊▏ 二、实验仪器和用品

显微镜、载玻片、盖玻片、镊子、刀片、吸水纸、擦镜纸、酒精灯、培养皿、解剖针(或牙签),稀碘液、水合氯醛溶液、蒸馏水等。

▆▊▏ 三、实验材料

新鲜植物:洋葱、辣椒、胡萝卜、马铃薯。

药材粉末:半夏、浙贝母、大黄、黄柏、甘草、地骨皮、射干。

四、实验步骤

（一）植物细胞的基本构造

1. 洋葱表皮细胞

在干净的载玻片中央滴一滴蒸馏水,用镊子撕取一小片洋葱外表皮(3 mm×3 mm左右)放入载玻片上的水中并将洋葱外表皮展平,轻轻盖上盖玻片,用吸水纸吸去多余水渍,在显微镜下观察洋葱外表皮细胞的细胞壁、细胞核、细胞质、液泡等,洋葱外表皮细胞如图 2-1 所示。

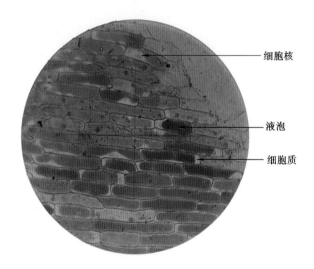

图 2-1　洋葱外表皮细胞

图中每个类长方形代表一个细胞。长方形轮廓为细胞壁;细胞中圆形为细胞核,多在边缘靠近细胞壁的位置;占细胞绝大多数的紫色部分为液泡;细胞质在液泡与细胞壁之间,透亮的部分便是,有些液泡尚小,细胞质比较明显,甚至可看到细胞核被液泡挤到细胞边缘的现象。

（1）细胞壁:植物细胞所特有,为细胞的最外层,比较透明。调节细准焦螺旋和光圈,可见两细胞间实际上为三层:两侧为相邻两个细胞的细胞壁,中间是两个细胞共有的胞间层。

（2）细胞质:无色透明的胶状物,紧贴在细胞壁以内,被紫色的中央大液泡挤成一薄层,贴近细胞壁内侧透亮的一圈便是。

（3）细胞核:埋在细胞质内,大多贴近细胞侧壁,呈扁圆形或圆形。仔细观察,可见包在细胞核外面的核膜,细胞核内有 1～3 个发亮的颗粒,即核仁。

（4）液泡:位于细胞中央,液泡为紫色,占细胞体积的大部分。

2. 有色体

在擦干净的载玻片中央滴一滴蒸馏水,用刀片从红辣椒或胡萝卜刮取少许果肉放入载玻片的水中,用镊子或刀片将果肉混匀,盖上盖玻片,用吸水纸吸去多余的水渍,然后通过显微镜观察,观察结果如图2-2、图2-3所示。

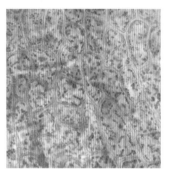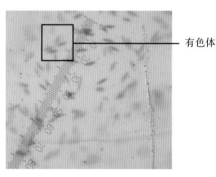

(a)辣椒表皮　　　　　　　　　　　(b)果肉

图 2-2　辣椒表皮和果肉有色体(覃柳夏等摄)

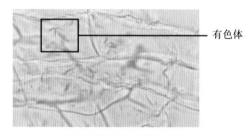

(a)胡萝卜徒手切片　　　　　　　　(b)胡萝卜有色体

图 2-3　胡萝卜徒手切片及其有色体

质体是植物细胞中特有的双层膜包裹的一类细胞器。有色体为质体的一种,其中含有胡萝卜素及叶黄素,由于两种色素的比例不同,有色体可呈黄色、橙色或橙红色。对于辣椒和胡萝卜而言,细胞内橙色颗粒即为有色体。

(二)植物细胞的后含物

1. 淀粉粒

(1)马铃薯淀粉粒:切取一小块马铃薯块茎,用刀片刮取少许液汁,置载玻片上,加水一滴,搅匀,盖上盖玻片。先在低倍镜下找到薄壁细胞,注意其形状。转换高倍镜继续观察,观察细胞内的淀粉粒,然后取下制片,加一滴稀碘液,观察有何变化,记录观察结果。

用载玻片刮马铃薯一次，获得极少量马铃薯"肉泥"颗粒，滴水使马铃薯颗粒分散均匀，盖上盖玻片，置于镜下观察，仔细、准确地分辨单粒、复粒和半复粒，识别淀粉粒中的脐点和层纹，绘图记录。可将光圈由小到大调到合适的亮度，反复调节细准焦螺旋，使可以观察到脐点和层纹；还可用稀释后的碘液染色，再进行观察，观察结果如图2-4 所示。

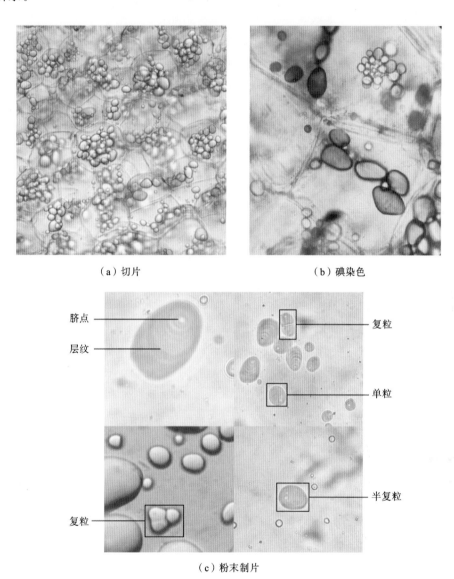

（a）切片　　　　　　　　　　（b）碘染色

脐点　　　　　　　　　　　　　　　　　　　　　　复粒

层纹　　　　　　　　　　　　　　　　　　　　　　单粒

半复粒

复粒

（c）粉末制片

图 2-4　马铃薯淀粉粒(杨建松等摄)

单粒淀粉：每一个淀粉粒通常只有 1 个脐点，环绕着脐点有数圈层纹。层纹呈圆球形、类圆球形、椭圆球形、卵圆球形、多面体形、半球形、棒槌形或梨形；少见三角形、类三角形、两面凸形、三面凸形或不规则形。

复粒淀粉：每一个复粒淀粉具有 2 个或多个脐点，每 1 个脐点各由层纹环绕着。淀粉粒由若干小粒聚合而成：有 2 粒复合、3 粒复合、4 粒以上（不超过 10 粒）复合或 10 粒以上复合，复粒中的每一分粒呈多面体形、盔帽形、碗形或带有一面圆的多边形，脐点少见或不明显，层纹少见或无。

半复粒淀粉：在复粒淀粉粒外周由共同的层纹将各分粒包围在内，呈类圆球形、椭圆球形、梨形或扇形，脐点 2 个或多个，层纹明显或不明显。

（2）半夏淀粉粒：取少量半夏粉末置于滴加了 1～2 滴稀甘油的载玻片上，并用解剖针或牙签轻轻将粉末与稀甘油充分搅匀，然后盖上盖玻片制成粉末制片，置于显微镜下观察。半夏复粒淀粉（见图 2-5）立体性较强，观察时可将光圈及光源调大。

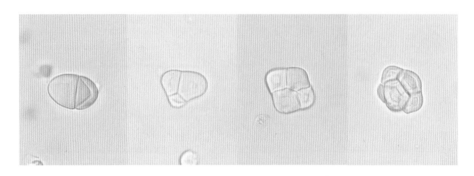

图 2-5　半夏复粒淀粉

半夏淀粉粒极多，有较多的复粒、半复粒。半夏半复粒淀粉如图 2-6 所示，呈圆球形、卵圆球形、半圆球形、菱形或不规则状；脐点呈点状、人字状、三叉状或短缝状；复粒较多，大多由 3～7 粒组成，有的分粒大小悬殊。

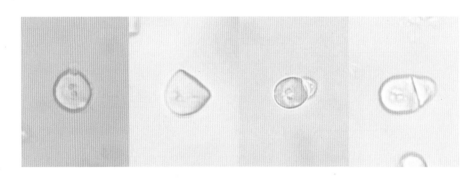

图 2-6　半夏半复粒淀粉

（3）浙贝母淀粉粒：按上述方法制成浙贝母粉末制片，置镜下观察，如图 2-7 所示。与马铃薯淀粉粒进行比较，注意观察淀粉粒的大小、形状、层纹、脐点，找出淀粉粒的特征。在观察浙贝母淀粉粒时，将光圈尽量调小，将光源调到合适大小，只有反复调节细准焦螺旋，才能观察到层纹。

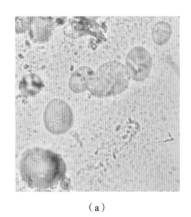

（a）　　　　　　　　　　　　　　（b）

图 2-7　浙贝母淀粉

2. 晶体

（1）簇晶:取大黄粉末少许,置于滴加了 1～2 滴水合氯醛试液的载玻片上,在酒精灯上慢慢加热透化,注意不要完全蒸干,在加热过程中可添加新的试剂,并用滤纸吸取已带色的多余试剂,直至材料颜色变浅且透明时,停止处理,加稀甘油 1 滴,盖上盖玻片,拭净其周围的试剂,置镜下观察,如图 2-8 所示,可见到许多大型、形如花朵的草酸钙簇晶,棱角大多短尖。

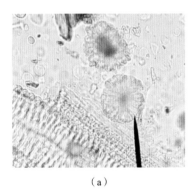
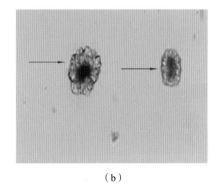

（a）　　　　　　　　　　　　　　（b）

图 2-8　大黄簇晶(箭头指示簇晶,图 2-8(a)组织块较多,王雪莹等摄)

（2）针晶:取半夏粉末少许,按上述方法透化后制片观察,如图 2-9 所示,显微镜下可观察到分散或成束的针状草酸钙晶体,偶尔可见到椭圆形的黏液细胞中存在排列整齐的针束。

（3）方晶:取黄柏或甘草粉末少许,按上述方法制片,置镜下观察,如图 2-10 所示,在粉末中可见到一些方形、不规则的晶体。这些方晶常成行排列于纤维旁边的薄壁细胞中,这种由一束纤维外侧包围着许多含有草酸钙方晶的薄壁细胞所组成的复合体称为晶鞘纤维。

（4）砂晶:取地骨皮或牛膝粉末少许,按上述方法制片,如图 2-11 所示,显微镜下可见细小三角形或箭头状的草酸钙砂晶。

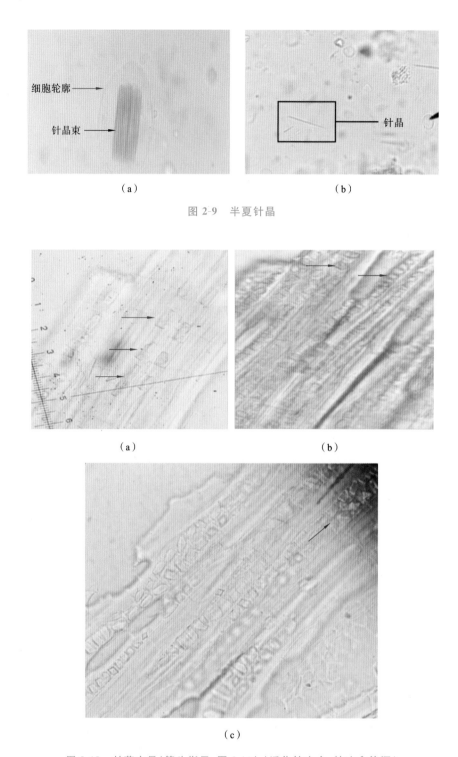

图 2-9　半夏针晶

图 2-10　甘草方晶（箭头指示，图 2-10(a)透化较完全，杜冰鑫等摄）

因砂晶存在于某些薄壁细胞中，将药材研成粉末后砂晶多分散在药材粉末中，而且数量很少，故较难与药材粉末区别。在观察时注意以下几点：①砂晶虽然很小，但大小比

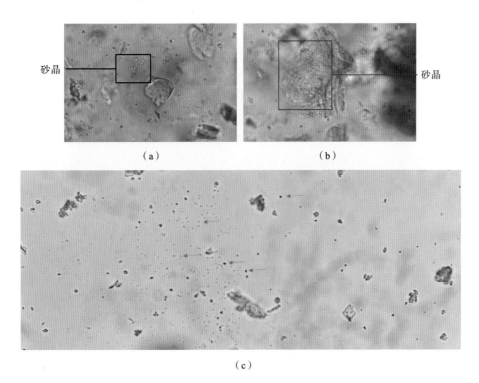

砂晶

砂晶

（a）　　　　　　　　　（b）

（c）

图 2-11　地骨皮砂晶（方框处及其周边亮点即为砂晶；砂晶过于细小，立体感强，变换焦距可拍出三角形的形状，如图 2-11(c)箭头所示，其中几个较大，多数很小，只能看到一个个黑点，陈泠妍摄）

较均匀；②其形状为小的三角形颗粒，立体感较强；③来回调节细准焦螺旋时，砂晶常有忽明忽暗的现象，在暗的三角形和亮的圆点之间转换。若用地骨皮制成徒手切片，观察效果好于粉末制片。

（5）柱晶：取射干粉末少许，按上述方法制片，如图 2-12 所示，置镜下观察，可见到棱角分明的长柱形晶体，晶体呈透明状。

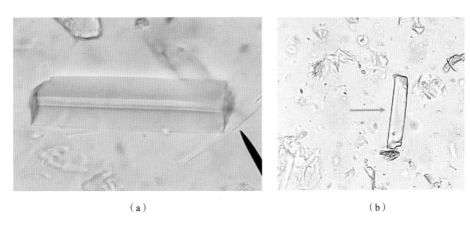

（a）　　　　　　　　　（b）

图 2-12　射干柱晶（棱角分明，整体透明，文柯颖、马颢芮摄）

■ 五、作业

(1) 绘制洋葱鳞叶的外表皮细胞图,注明细胞各部分结构。(共 20 分。细胞核、细胞质、细胞壁、液泡各 5 分)

(2) 绘制马铃薯、半夏、浙贝母淀粉粒的构造和类型图。(共 35 分。马铃薯单粒、复粒、半复粒淀粉每个 5 分,需标出脐点和层纹,未标出酌情扣分;半夏单粒、复粒、半复粒淀粉每个 5 分,需标出脐点,未标酌情扣分;浙贝母单粒淀粉 5 分,标出脐点和层纹)

(3) 绘制辣椒及胡萝卜果肉细胞中的有色体。(共 10 分。辣椒 5 分,胡萝卜 5 分)

(4) 绘制各种材料、各种类型的草酸钙结晶。(共 20 分。簇晶、针晶、方晶、砂晶、柱晶各 4 分)

■ 六、思考题

(1) 植物细胞中后含物和原生质体有何区别?(5 分)

(2) 质体有哪几种类型?它们的功能之间有何关系?(5 分)

(3) 什么是脐点?脐点是怎么形成的?(5 分)

■ 七、知识点

(1) 试液配制方法。

① 稀碘液:0.5 g 碘化钾溶于少量水中,加入 1 g 碘,溶解后,稀释定容至 100 mL,摇匀,贮存于棕色瓶中。

② 水合氯醛试液:取水合氯醛 50 g,加蒸馏水 15 mL、甘油 10 mL,溶解后即得。

③ 稀甘油:取甘油 33 mL,加蒸馏水 100 mL,可再加苯酚 1 滴或者樟脑 1 小片防霉。

(2) 水合氯醛试液的作用。

① 水合氯醛试液能迅速渗入粉末组织细胞,使干燥细胞膨胀,增强透光度,便于观察。

② 水合氯醛试液能溶解脂肪、淀粉粒等成分,减少观察时的干扰。

(江名忠)

实验三

分生、基本、保护、机械组织观察

▌▌ 一、实验目的

掌握各种组织的细胞形态特征、结构和分布特点,了解不同组织的生理功能,学习植物组织临时装片的制作技术。

(1)掌握分生组织、基本(薄壁)组织的形态特征。

(2)掌握机械组织(厚角组织、厚壁组织:石细胞、晶纤维)的形态特征。

(3)掌握表皮细胞及毛茸的形态特征,气孔的轴式(类型)。

▌▌ 二、实验仪器和用品

显微镜、酒精灯、载玻片、盖玻片、刀片、镊子,水合氯醛试液、间苯三酚(盐酸)试液、蒸馏水等。

▌▌ 三、实验材料

新鲜材料:菠菜、芹菜、冬青卫矛(校园常见植物)、救荒野豌豆、刺果毛茛、梨。

药材:金银花、薄荷叶、石韦、艾绒。

药材粉末:黄柏、厚朴、石韦粉末。

永久制片:小麦或洋葱根尖纵切面、一年生椴木茎横切面、薄荷茎横切面。

四、实验步骤

(一)小麦根尖纵切面永久制片:观察根尖结构与分生组织

根尖的分区:① 根冠区;② 分生区;③ 伸长区;④ 根毛区(成熟区)。

取小麦根尖纵切片观察,先在低倍镜观察,首先确定根冠的位置,在根冠与分生区结合处有一团非常小、排列紧密的细胞,这些细胞就是顶端分生组织(生长点,也称为根尖干细胞),如图 3-1 所示。根尖干细胞包括静止中心和其周边的初始细胞,静止中心自身基本不分裂,其作用是维持其周边初始细胞的干细胞特性;初始细胞不断分裂、分化。转换高倍镜下观察,可以清晰地看到较大的细胞核或正在进行细胞分裂的染色体形态。随着位置向上移动,细胞逐渐增大,开始出现分化。仔细观察,比较细胞形态的变化。

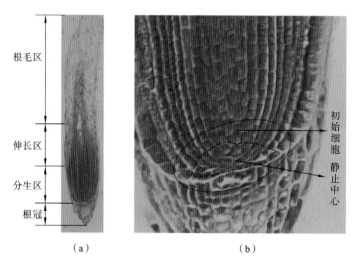

图 3-1　小麦根尖纵切片显微图(图 3-1(b)为图 3-1(a)的局部放大)
静止中心位于分生区顶端,在根冠上方;初始细胞紧贴并包裹静止中心。

(二)椴木茎横切面永久制片:观察侧生分生组织

一年生椴木茎横切面如图 3-2 所示,首先在低倍镜可以清晰地观察到维管组织呈环状排列,其中木质部被试剂染成红色,韧皮部被染成绿色,在木质部和韧皮部之间,可以看到几层扁平细胞呈环状排列,细胞略呈切向延长,这就是形成层。转换高倍镜下进一步观察,椴木茎的侧生分生组织如图 3-3 所示,可以清楚地看到,这几层切向延长的扁平细胞排列紧密,细胞壁薄。在大多数情况下,通常将这几层扁平细胞称为形成层,在这个区域不仅有形成层细胞,还包括了由形成层细胞刚刚分生出来的还未完全分化的木质部和韧皮部组织,而这些细胞离形成层越近,两者就越难以区分。

在茎的最外层有几层略呈扁平的、被染成棕红色或红褐色的死亡细胞,细胞壁较厚,

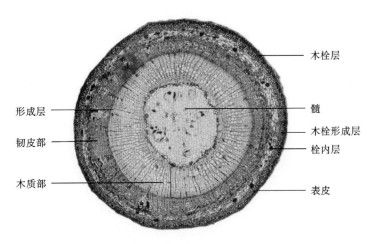

图 3-2　一年生椴木茎横切面

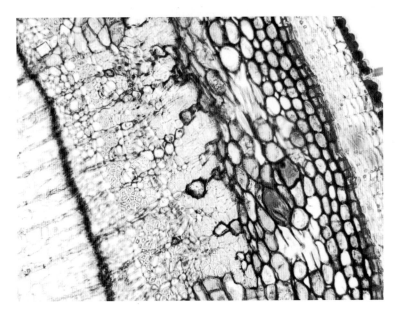

图 3-3　椴木茎的侧生分生组织

一年生椴木茎局部放大图,左侧蓝线示形成层,右侧粉线示木栓形成层。

排列整齐,无胞间隙,这几层细胞为木栓层细胞。在木栓层内有 1～3 层颜色不同而扁平的细胞就是木栓形成层,木栓形成层以及两侧刚刚分生出的未成熟的组织有与维管形成层相似的特征。侧生分生组织细胞多为切线延长,主要进行切向分裂,沿器官的径向增加细胞的层数。

（三）薄荷茎横切面永久制片:观察薄壁组织

如图 3-4、图 3-5 所示,在显微镜下可以看到许多大小不等的维管束呈环状排列于薄壁组织中,这些薄壁组织又可分为外部的皮层和中间的髓,以及维管束之间的髓射线等。这类薄壁组织除了具有贮藏、输导作用外,还具有填充和使组织间彼此联系等功能,并具有转化为分生组织的潜力。

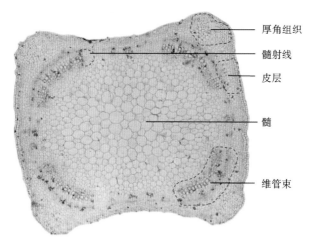

厚角组织
髓射线
皮层
髓
维管束

图 3-4　薄荷茎横切面

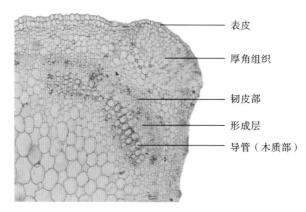

表皮
厚角组织
韧皮部
形成层
导管（木质部）

图 3-5　薄荷茎横切面局部(图 3-4 局部放大图)

（四）保护组织的观察

1. 毛茸

（1）腺毛:指可以分泌黏液、树脂、挥发油等物质的毛茸。

取金银花药材,将其碾碎,置于滴加了水合氯醛试液的载玻片上,在酒精灯上慢慢加热使其透化,注意不要完全蒸干,加热过程中可添加新的试剂,并用滤纸吸取已带色的多余试剂,直至材料颜色变浅而透明时,停止处理,加稀甘油 1 滴,盖上盖玻片,拭净其周围的试剂,置镜下观察,如图 3-6 所示,可以看到许多具有多细胞腺头的腺毛,有的腺头呈橄榄球状,有的腺头呈三角形状,腺柄由多细胞组成。

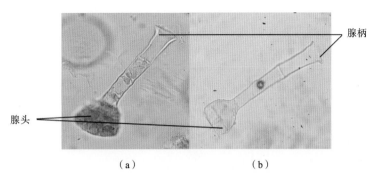

图 3-6　金银花腺毛(似麦克风)

（2）腺鳞：一种短柄或无柄的腺毛。

取薄荷叶药材，将其碾碎，置于滴加了水合氯醛试液的载玻片上，在酒精灯上慢慢加热使其透化，注意不要完全蒸干，在加热过程中可添加新的试剂，并用滤纸吸取已带色的多余试剂，直至材料颜色变浅而透明时，停止处理，剔除高度突出的颗粒，加稀甘油或蒸馏水 1 滴，盖上盖玻片，拭净其周围的试剂，置镜下观察，如图 3-7 所示。腺鳞的腺头是由 6～8 个分泌细胞呈辐射状排列组成，侧面观察为扁球形，具明显的角质层，极短的腺柄由单细胞组成，腺鳞周围的表皮多呈放射状排列。

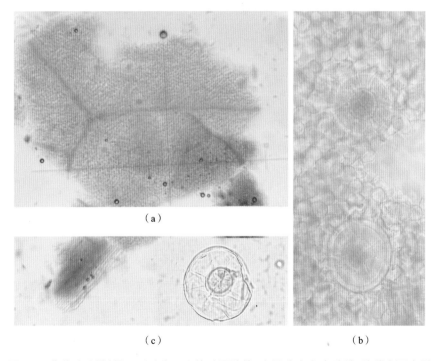

图 3-7　薄荷叶腺鳞(图 3-7(a)为一小块叶面碎片，上面分布多个腺鳞，腺鳞有两个同心圆轮廓，中心圆颜色较深；图 3-7(b)是图 3-7(a)的局部放大，图 3-7(c)为脱离叶片的游离腺鳞，其膨大的头部由 8 个细胞构成，陈泠妍等摄)

(3)非腺毛:指没有腺头和腺柄的区分,没有腺体,无分泌功能的毛茸。

取石韦叶片,用刀片刮取背面毛茸,加 1 滴蒸馏水制片观察,也可用石韦粉末制片,石韦的非腺毛呈放射状或星状;取金银花粉末制片,金银花非腺毛由单细胞构成,形如毛发,金银花的花粉粒较多,亮黄色圆球状,其上可见萌发孔;取少量艾绒,加 1 滴蒸馏水制片观察,可见丁字毛,横长竖短,横是单个细胞,竖是多个细胞,是着生于叶片上的柄,如图 3-8 所示。

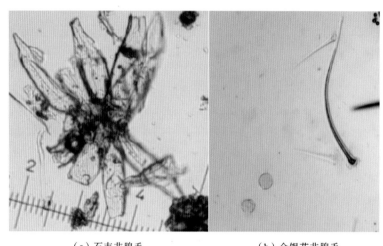

（a）石韦非腺毛　　　　　　　　　　　　（b）金银花非腺毛

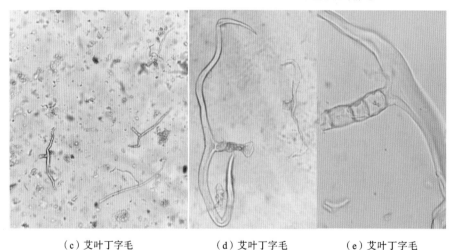

（c）艾叶丁字毛　　　　　（d）艾叶丁字毛　　　　　（e）艾叶丁字毛

图 3-8　石韦非腺毛、金银花非腺毛(朱晨蕾摄)、艾叶丁字毛(庞江萍、田艳等摄)

2. 气孔

撕取双子叶植物叶下表皮制成临时水装片观察,如图 3-9 所示。植物体的表皮(除根表皮外)均有气孔,气孔由两个半月形的保卫细胞对合而成。双子叶植物的气孔有下列几种类型:① 平轴式;② 直轴式;③ 环式;④ 不等式;⑤ 不定式。

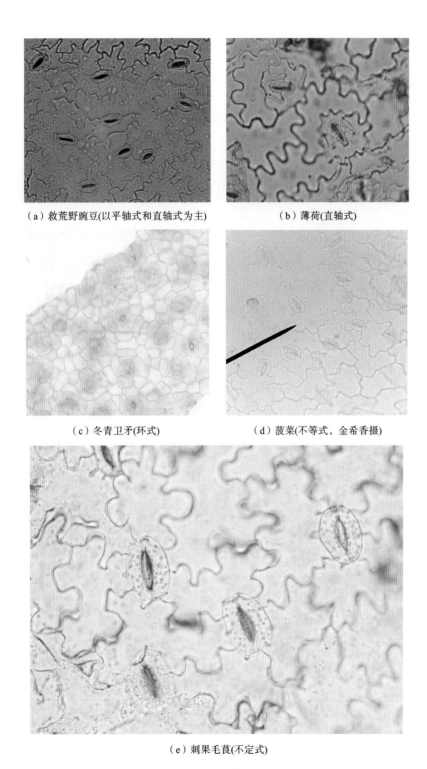

（a）救荒野豌豆(以平轴式和直轴式为主)

（b）薄荷(直轴式)

（c）冬青卫矛(环式)

（d）菠菜(不等式，金希香摄)

（e）刺果毛茛(不定式)

图 3-9　校园常见植物气孔

（五）机械组织

1. 芹菜茎的厚角组织

取新鲜的芹菜茎为实验材料，做徒手横切片，用水封片，置于显微镜下观察，如图3-10所示，观察棱角处表皮细胞内侧的厚角组织。

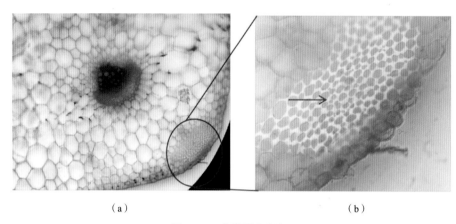

（a）　　　　　　　　　　　　　　（b）

图 3-10　芹菜厚角组织

厚角组织细胞最显著的特征是细胞壁不均匀加厚，细胞壁为白色。

2. 厚壁组织

（1）晶纤维。

取黄柏粉末少许于载玻片上，加水合氯醛试液透化后封片在镜下观察，如图 3-11 所

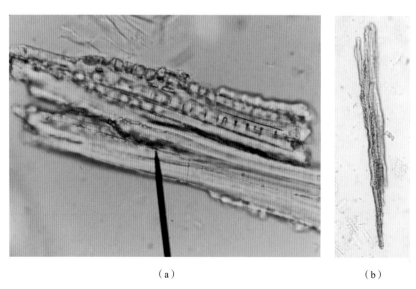

（a）　　　　　　　　　　　　（b）

图 3-11　黄柏晶(鞘)纤维(图 3-11(b)为间苯三酚染色，马瑞、王祎冰摄)

示,纤维束周围的薄壁细胞中含有草酸钙方晶,为晶纤维,间苯三酚染色后呈红色。

（2）石细胞。

取厚朴、黄柏粉末和梨肉少许,经水合氯醛试液透化后（可用间苯三酚染色）,制片观察,如图3-12所示,可见石细胞成群或分散存在。

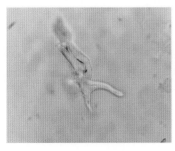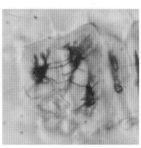

（a）厚朴畸形石细胞　　　　　（b）梨的石细胞团　　　　　（c）黄柏石细胞

图3-12　厚朴畸形石细胞、梨的石细胞团、黄柏石细胞（相邻细胞间的纹孔位置对应,
是相互沟通的通道,杨昕玥摄）

厚朴石细胞呈畸形分支状,梨的石细胞呈团块状聚集,黄柏石细胞呈多面体形,石细胞腔狭小,细胞壁内蓝线为纹孔。镜下的厚朴粉末如图3-13所示。

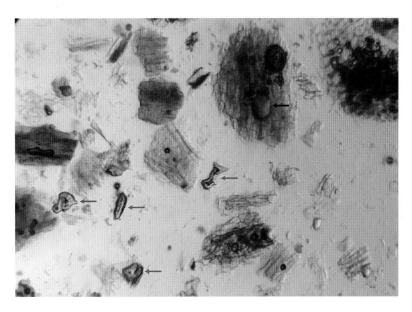

图3-13　镜下的厚朴粉末（间苯三酚染色,蓝色箭头指示石细胞,黑箭头指示油室）

五、作业

绘制并标注下述"10×40"镜图。

（1）绘制所观察到的各植物主要气孔类型的简图。（10分）

（2）绘制各类石细胞和黄柏的晶纤维图。（20分）

（3）绘制金银花的腺毛、薄荷叶的腺鳞,以及金银花、石韦、艾绒的非腺毛。（20分）

（4）绘制小麦或洋葱根尖的简图并标注其分区结构。（10分）

（5）绘制椴木茎和薄荷茎横切面的结构简图并标注其结构。（20分）

六、思考题

（1）腺毛和非腺毛有何区别？（10分）

（2）厚角组织和厚壁组织在形态和结构上有何不同？（10分）

七、知识点

（1）梨肉中石细胞与口感的关系。

通常认为,梨果肉质地的粗细是石细胞团直径大小与密度综合作用的结果。梨肉切片显微图如图 3-14 所示,果实中石细胞团直径较大、密度较高的品种肉质较粗,口感多渣。研究表明,梨石细胞团直径小于 50 μm 的,食用时不容易感觉出来,如巴梨、锦丰梨、早酥梨等,这些梨的肉质细、含渣少、口感好。石细胞团直径在 300 μm 以上的梨品种果肉质地较粗、口感多渣,如花盖梨、安梨、尖把梨等。

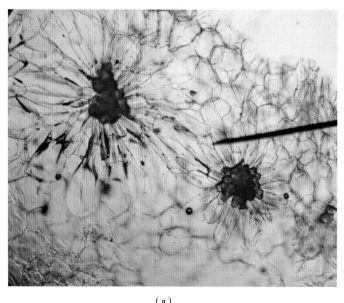

（a）　　　　　　　　　　　　　（b）

图 3-14　梨肉切片显微图(图 3-14(a)中色暗的部位为石细胞团,周围是辐射状的薄壁细胞,朱晨蕾摄;图 3-14(b)为单个石细胞,其细胞壁极厚,细胞腔几乎消失,方思童摄)

（2）间苯三酚染色。

间苯三酚在酸性环境下与细胞壁中的木质素接触时，发生樱桃红色或紫红色反应，该反应是确定木质化细胞壁的简单、常用方法。试液配制和使用方法：取间苯三酚 5 g，溶于 100 mL 95％酒精中，即成间苯三酚酒精试液；使用时，先在材料上滴上 1 滴浓盐酸，然后滴上间苯三酚酒精试液 1 滴，木质化的细胞壁就染上樱红或紫红色。也可取间苯三酚 0.1 g，加乙醇 1 mL，再加盐酸 9 mL，混匀成间苯三酚盐酸试液，直接使用。注意事项：①组织经过软化处理后木质化的成分不易着色；②拍照前注意擦去多余染液，防止盐酸损坏显微镜；③本法脱色较快，切片无法长期保存。

（3）薄荷叶下表皮永久制片。

如图 3-15 所示，镜下观察薄荷叶下表皮永久制片，可看到直轴式气孔和腺鳞。

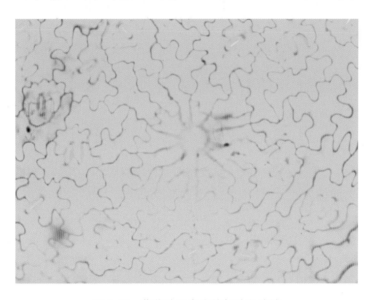

图 3-15　薄荷叶下表皮的气孔和腺鳞

（王越萱）

实验四

植物输导组织、分泌组织的观察

■▓▏ 一、实验目的

掌握导管、分泌细胞和分泌组织的类型和形态特征。

■▓▏ 二、实验仪器和用品

显微镜、酒精灯、载玻片、盖玻片、刀片；水合氯醛试液、浓盐酸、间苯三酚试液、蒸馏水。

■▓▏ 三、实验材料

新鲜材料：豆芽嫩茎、姜块茎。
药材粉末：大黄粉末、甘草粉末、丁香粉末、桔梗粉末。
永久制片：小茴香横切面永久制片。

■▓▏ 四、实验步骤

（一）输导组织

导管是被子植物和少数裸子植物的输导组织，由多数纵长的管状细胞通过端壁的穿孔连接而成,每一管状细胞称为导管分子,细胞壁木质化增厚,形成各种纹孔和纹理,为中药鉴定的重要依据之一。

(1)取大黄粉末少许,制片观察,如图 4-1 所示,其导管增厚部分呈网状,网孔为未增厚部分,导管的直径较大,多为典型的网纹导管,也可发现其他类型的导管,如梯纹导管。观察时要注意,先确认出导管类型,再进一步区分中间类型,找出彼此间的区别。

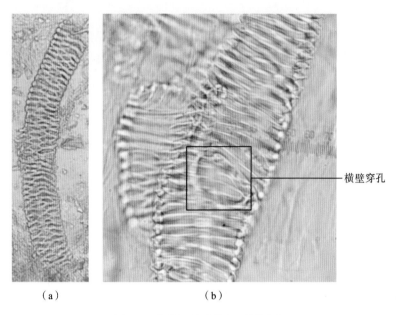

(a) (b)

图 4-1 大黄网纹导管(田艳等摄)

(2)取甘草粉末少许,制片观察,如图 4-2 所示,可看到很多导管碎片,细胞壁绝大多数增厚,仅留下一些未增厚的窄孔,孔周围可见椭圆形圈,称具缘纹孔,甘草具缘纹孔较密。

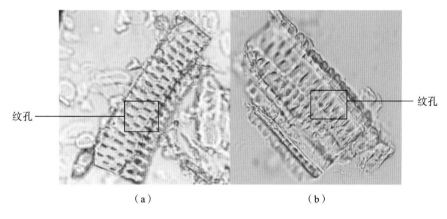

(a) (b)

图 4-2 甘草具缘纹孔导管

（3）取新鲜豆芽纵切面制片，如图 4-3 所示，观察其导管类型，多为环纹、螺纹导管，也可见到网纹导管，甚至孔纹导管。环纹、螺纹导管较细，梯纹、网纹导管较粗。

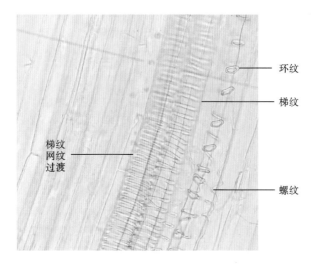

图 4-3　豆芽导管

（二）分泌组织

（1）油细胞：取鲜姜徒手切片，制成临时水装片，置镜下观察，如图 4-4 所示，可见在薄壁细胞之间，杂有许多类圆形的油细胞，胞腔内含淡黄绿色油滴。

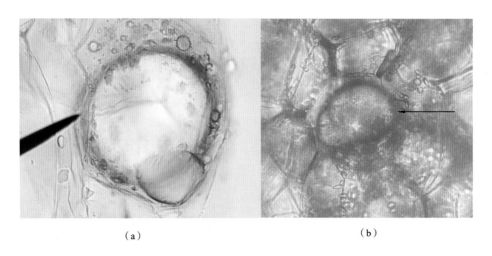

（a）　　　　　　　　　　　　　　　　（b）

图 4-4　鲜姜油细胞（图 4-4(a)所制切片较薄，可以看到大小不等的油滴，整个细胞几乎被油滴填满；图 4-4(b)所制切片较厚，油细胞旁边围绕许多薄壁细胞，薄壁细胞有淀粉粒）

（2）油室：是由多数分泌细胞所形成的腔室，分泌物大多是挥发油。一种是由于分泌细胞中层裂开，细胞间隙扩大形成腔隙，分泌物充满于腔隙中，而四周的分泌细胞较为完整，称为离生性分泌腔，如当归；另一种是由许多聚集的分泌细胞本身破裂溶解而形成的腔室,腔室周围的细胞常破碎且不完整,称为溶生性分泌腔,如陈皮。将丁香粉末装片观察,如图4-5所示,有大形腔穴,即油室,四周分泌细胞界限不甚清晰。

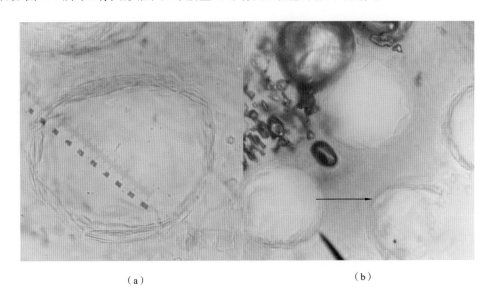

（a）　　　　　　　　　　　　　　　　（b）

图4-5　丁香油室(油室较大,多破碎,如箭头所示)

（3）油管:观察小茴香横切面永久制片,如图4-6所示,可见由许多分泌细胞围绕而成的大圆腔,即分泌道,因其内贮藏挥发油而称油管。

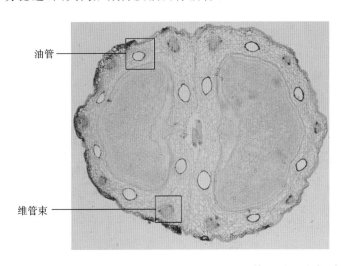

图4-6　小茴香油管(油管为十二个,小茴香果为双悬果,油管呈对称分布,在制片脱水环节,油管内的油性物质被洗掉而不能着色,故观察时油管处为空洞)

（4）乳汁管:有节乳汁管是由一系列管状乳细胞错综连接而成的网状系统,连接处细胞壁贯通,乳汁可以相互流动。桔梗的乳汁管分布在韧皮部。取桔梗粉末,水合氯醛加热透化制片,蒸馏水封片,置显微镜下观察,如图4-7所示,可见大量导管和薄壁组织块;

薄壁组织块由排列整齐的薄壁细胞组成,在部分薄壁组织上可见乳汁管,它连接呈网状,内含浅黄色油滴及颗粒状物。

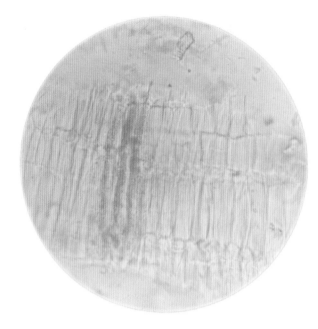

图 4-7　桔梗薄壁组织块上的乳汁管(杨昕玥摄)

五、作业

绘制并标注下列所述结构部位的"10×40"显微结构图。

(1) 豆芽嫩茎:导管。(10 分)

(2) 大黄:网纹导管。(10 分)

(3) 甘草:具缘纹孔导管。(10 分)

(4) 鲜姜:油细胞。(10 分)

(5) 小茴香横切面永久制片:油管。(10 分)

(6) 丁香粗粉:油室。(10 分)

(7) 桔梗:乳汁管。(10 分)

六、思考题

(1) 植物分泌组织中,内部分泌结构主要有哪些?试列出并举出相关植物的例子。(10 分)

(2) 从输导组织上区分被子植物和裸子植物有何不同?(10 分)

(3) 植物导管的类型和功能有哪些?请简要说明。(10 分)

▓▏七、知识点

（1）植物乳汁管以及乳汁的成分、作用。

乳汁管是存在于许多植物中的一种分泌结构，这种结构或是由单个细胞形成的管状结构（无节乳汁管），或是由一系列相连接的细胞组成的管状结构（有节乳汁管），莴苣横切面（韧皮部有乳汁）和桔梗纵切片的乳汁管如图 4-8 所示。乳汁管的生物学功能很多，如具有贮藏和运输营养物质、吸收氧气、调节水分平衡和保护植物体等作用。其中，最重要的功能是保护作用，主要因为乳汁管具有完善的"凝血系统"，即在植物受到外界损伤后，乳汁管中流出的乳汁可以很快凝结成胶状物质并覆盖创伤面。此外，乳汁细胞具有毒性，可以使植物免受外界真菌及其他生物的侵害。乳汁管中的乳汁具有重要的药用价值和经济价值，如罂粟的乳汁有麻醉止痛、催眠镇静、止泻、止咳等功效；桑的乳汁对部分细菌有明显抑制作用。乳汁的成分极端复杂，在含乳汁成分的不同植物中以及在不同地点生长的相同物种中，乳汁成分以及含量均有所差异，乳汁除含有 $50\% \sim 80\%$ 的水分外，还含有蛋白质、脂肪、激素、酶、淀粉、萜烯类物质、挥发油、固醇、樟脑、结晶体、类胡萝卜素、单宁、盐类、树脂及橡胶等物质。随着二维凝胶电泳、多维液相色谱、质谱、蛋白质芯片和同位素标记等技术的成熟，人们开始重视乳汁中蛋白质组学的研究，一些蛋白质不仅在植物生长发育及乳汁管的发育中有着重要作用，而且其中一些酶类还参与代谢产物的合成。

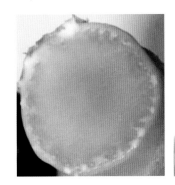
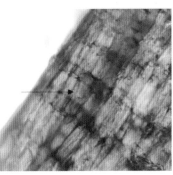
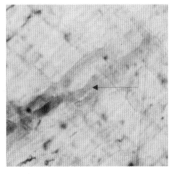

（a）莴苣横切面　　　　　（b）桔梗纵切片　　　　　（c）桔梗纵切片

图 4-8　莴苣横切面（韧皮部有乳汁）和桔梗纵切片的乳汁管

取莴苣茎，横向切开，可见白色乳汁从韧皮部渗出。取桔梗根，纵切制片，置显微镜下观察，在韧皮部可见多细胞的有节乳汁管。注意乳汁管与导管的区别，乳汁管在韧皮部，而导管在木质部，且是有网状增厚的，特殊染色也有助于区分。

（2）果实的油管对鉴别伞形科某属的作用。

伞形科是双子叶植物纲蔷薇亚纲中非常重要的一大类群，种类多、分布广，在世界约有 275 属、2850 种；广泛分布于北温带、亚热带和热带的高山地区。伞形科在中国约有

94属、505种,是世界的分布中心之一。伞形科中的大多数植物都是资源植物,在药用、食用、美容、保健、香料、饲料及庭院观赏等多个方面为人们所使用。伞形科种类繁多,鉴定起来比较困难。

伞形科果实为双悬果,呈卵形、圆心形至椭圆形,顶部有盘状或短圆锥状的花柱基;萼齿5或无;果实表面平滑或有毛、皮刺、瘤状突起,5条主棱通常明显或突起,棱间有沟槽,有时沟槽处略突起发展为次棱,很少有主棱和次棱(共9条)都全部发育的;棱槽中和合生面通常有纵向的油管1至多条。每个属植物油管数目有所不同,例如,变豆菜属棱槽中油管数量为0;当归属、蛇床属和防风属等每个棱槽的油管数目为1,但其合生面的油管数目却又不同;前胡属的每个棱槽中有3~4个油管,合生面的油管数目为6~8个。伞形科不同属的果实中棱槽和合生面的油管数目不尽相同,因此,观察果实中油管数目对鉴别伞形科所属有重要意义。

(3) 生姜挥发油的成分以及影响其成分的因素。

生姜为姜科植物姜的新鲜根茎,具有解表散寒、温中止呕、化痰止咳、解鱼蟹毒的功效。挥发油是生姜中的主要成分,不仅应用到医药产品中,还应用到功能食品、化妆品和香料中。化学研究表明生姜挥发油主要含有萜类化合物,如单萜烯类、单萜烯类氧化物,倍半萜烯类、倍半萜烯类氧化物,还含有酚类和链烃。生姜挥发油各种成分的有无、多少,取决于品种、产地、收获时间、贮存期和炮制条件。生姜成分复杂,产地分散。不同产地的生姜因生长环境、气候的不同,不仅其性状、色泽不同,而且其成分、含量、药性和功效等也呈现一定的差异性。生姜在全国大部分地区都有种植,河南、湖南、山东、广西、四川等是生姜的主产地。多个地区的生姜挥发油都具有其特殊的组分,可能与各地区间的海拔、地形等环境因素具有相关性。

[参考文献]

[1] 彭勇,苗燕,方晓艾,等. 植物乳汁管生长发育调控的研究进展[J]. 热带作物学报,2014,35(12):2519-2525.

[2] 张乐,李敏,赵建成. 23种伞形科植物果实形态及其分类学意义[J]. 西北植物学报,2015,35(12):2428-2438.

[3] 陈雨然,罗黎明,刘志勇. 不同产地生姜挥发油化学成分比较与分析[J]. 江西中医药,2022,53(4):67-70.

(马冰玉)

实验五

根外形、初生及次生结构组织

■▌ 一、实验目的

理解与掌握根外形及其组织结构。

■▌ 二、实验材料

永久制片:毛茛根横切面、直立百部根横切面(初生构造);木香横切面(次生构造)。

■▌ 三、实验步骤

（一）根的外部形态特征和根系的类型

（1）主根:由胚根细胞的分裂和伸长所形成的向下垂直生长的根。

（2）侧根:主根生长达到一定的长度,在一定部位侧向生出的支根。

（3）不定根:在主根和侧根以外的部分,如茎、叶、老根或胚轴上生出的根。

（4）直根系:主根发达,主根和侧根界限非常明显的根系(裸子植物、双子叶植物的根系)。

（5）须根系:主根不发达,或早期死亡,由茎基部长出许多大小、粗细相仿的不定根,呈胡须状簇生的根系(单子叶植物、少数双子叶植物的根系)。

（二）根的初生构造

1. 双子叶植物根的初生构造:毛茛根横切面永久制片的观察

取毛茛根横切面制片,在低倍镜下观察,区分出表皮、皮层和维管柱三大部分,然后转换高倍镜,由外向里仔细观察表皮、皮层和维管柱的细胞构造特点,毛茛根横切面永久制片如图 5-1 所示。

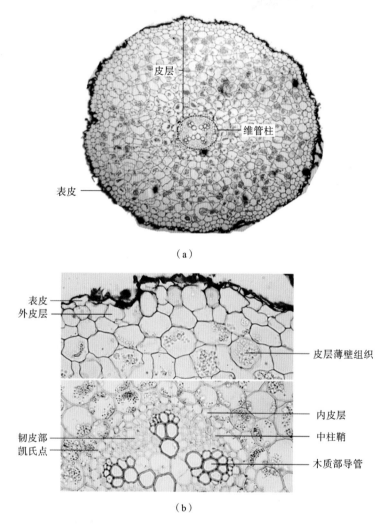

（a）

（b）

图 5-1　毛茛根横切面永久制片(图 5-1(b)为图 5-1(a)的放大)

（1）表皮:为最外一层薄壁细胞,排列整齐、紧密,没有细胞间隙。

（2）皮层:位于表皮内,占了根的相当大一部分,由多层排列疏松的薄壁细胞组成,可以区分为三层。紧靠表皮下的 1～2 层细胞,略呈切向延长,排列较紧密,称外皮层;位于外皮层以内为多层排列疏松的薄壁细胞,具有明显的细胞间隙,称为皮层薄壁组织;皮层最内一层排列紧密的细胞称为内皮层。内皮层有些细胞的径向壁上,可见增厚的凯氏点被染成红色。

(3)维管柱:内皮层以内的所有组织,占据根中央的一小部分,细胞较小且密集,由中柱鞘、初生木质部和初生韧皮部组成。

中柱鞘:为紧贴内皮层的1~2层薄壁细胞组成,细胞壁薄,排列紧密。侧根、木栓形成层和维管形成层的一部分均发生于中柱鞘。

初生木质部:在中柱鞘内被染成红色的部分,为四束(四原型),呈放射状。靠近中柱鞘一端的导管口径较小,是原生木质部;近根中心的导管分化较晚,口径大,为后生木质部,这是根的初生构造特征之一。由于初生木质部一直分化到根的中央,故无髓,这是典型的双子叶植物根的初生构造特征。

初生韧皮部:位于两初生木质部之间,与初生木质部相间排列,呈辐射状,构成辐射维管束,这也是根的初生构造的重要特征。初生韧皮部被固绿染成绿色,其束的数目与初生木质部束数相同。细胞大小不一,呈多角形。

(4)薄壁细胞:在初生木质部和初生韧皮部之间分布得很薄的细胞层,当根进行次生长时,它将分化成维管形成层的一部分。

2. 单子叶植物根的初生构造:直立百部根横切面永久制片的观察(见图5-2)

(1)根被:由最外层3~4层细胞组成,细胞壁具条纹状木栓化纹理。

(2)皮层:紧靠根被内方,占根的大部分,由薄壁细胞组成,可区分为外皮层、皮层薄壁组织和内皮层。

(3)维管柱:内皮层以内的全部组织,包括中柱鞘、初生木质部、初生韧皮部和髓。

中柱鞘:紧贴内皮层,由1~2层小型薄壁细胞组成,细胞切向延长,略似内皮层细

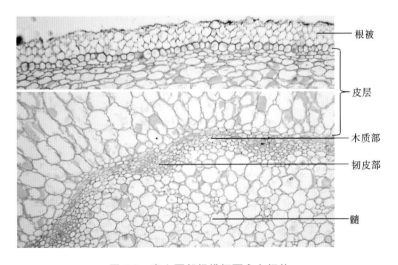

图5-2　直立百部根横切面永久切片

胞,但其侧壁没有增厚。

初生木质部和初生韧皮部束:各19～27个,相间排列成辐射维管束。韧皮部束内侧有单个或2～3个非木化纤维;木质部导管类似多角形,偶有单个或2～3个并列的导管分布于髓部外缘,作二轮列状。

髓:位于维管柱的中心,散有单个或2～3个细小纤维。

(三)根的次生构造

观察木香横切面永久制片。

先在低倍镜下从外向里逐层观察各部分组织所在的轮廓部位,然后转高倍镜仔细观察各部分组织的细胞特点,木香横切面永久制片如图5-3所示。

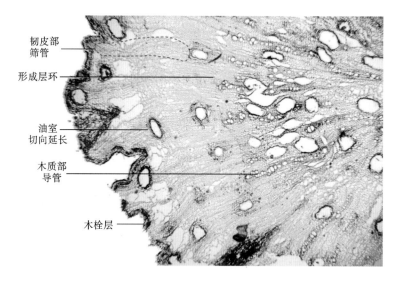

韧皮部
筛管

形成层环

油室
切向延长

木质部
导管

木栓层

图5-3 木香横切面永久制片

木栓层为数列木栓细胞,时有落皮层。韧皮部宽广,筛管群明显,韧皮纤维成束,稀疏散在或略排成1～3环于筛管群间,纤维呈多角形、方形、梯形或三角形,非木化或微木化。形成层断续成环,束中形成层(位于韧皮部与木质部间的一段形成层)较明显。木质部导管束径向分叉,导管2至多个成群或单个,类多角形或稍扁;木纤维少数,多存在于近形成层处及中心的导管旁,与导管相间或毗连,近中心木纤维束3～4环列;中心有少数薄壁细胞。根内散生大型离生油室,呈椭圆形或类圆形,位于韧皮部外侧的常切向延长,位于木质部的常径向延长。

▥ 四、作业

绘制下列所述的显微结构图并标注其结构部位。

(1)毛茛根横切面永久制片(双子叶植物根的初生构造),标注:表皮、皮层、凯氏点、

中柱鞘、初生木质部、初生韧皮部、薄壁细胞。(20分)

(2)直立百部根横切面永久制片(单子叶植物根的初生构造),标注:根被、皮层、中柱鞘、初生木质部、初生韧皮部、髓。(20分)

(3)木香横切面永久制片(根的次生构造),标注:木栓层、次生韧皮部、形成层、次生木质部、油室。(20分)

▊ 五、思考题

(1)简述双子叶植物根的初生结构组织特点。(10分)

(2)表皮由哪几类组织或细胞构成?周皮由哪几类组织构成?(15分)

(3)不同根的维管柱的类型不同,试举例说明。(15分)

▊ 六、知识点

(1)直立百部(*Stemona sessilifolia*)。

半灌木。块根肉质,成簇,长圆状纺锤形,粗约 1 cm。茎直立,高 30～60 cm,不分支。产自浙江、江苏、安徽、江西、山东、河南等省。常生于林下,也见于药圃栽培。最早记载于《图经本草》"春生苗……根下作撮如芋子,一撮乃十五、六枚,黄白色",并附图。直立百部作为传统中药百部的三大来源之一,味苦、微甘、性微温。归肺经,具有润肺止咳、杀虫灭虱的功效。

(2)毛茛(*Ranunculus japonicus*)。

多年生草本。须根多数簇生。除西藏外,在我国各省区广布。生于田沟旁和林缘路边的湿草地上(海拔 200～2500 m)。全草含原白头翁素,有毒,为发泡剂和杀菌剂,捣碎外敷,可截疟、消肿及治疮癣。

(3)木香和青木香的本草考证。

木香与青木香均为理气药。木香为菊科植物木香(*Aucklandia lappa*)的干燥根;青木香为马兜铃科植物马兜铃(*Aristolochia debilis*)及北马兜铃(*Aristolochia contorta*)的根。

木香用药历史悠久,始载于《神农本草经》,列为上品。木香最早为舶来品,其色深质优,陶弘景于《本草经集注》中将此种木香称为青木香,为木香之别名。青木香药物最早记载于葛洪《肘后备急方》,始称马兜铃根。《新修本草》载有独行根,即为马兜铃根。唐代时,因木香药物来源不足,将独行根(马兜铃根)作为木香的代用品,故又称它为土青木香。明代时,陈嘉谟于《本草蒙筌》中将"土"字删去,始称青木香。李时珍在木香一药的释名中除提及青木香之别名外,又指出"木香,……昔人谓之青木香"。后人因呼马兜铃根为青木香,乃呼此为南木香、广木香以别之。自此,青木香作为马兜铃根的正名。可见明代以前与之后的青木香是不同的,明代以前所称的青木香为质优的木香,而之后多指现在所称的青木香。青木香横切面永久制片如图 5-4 所示。

图 5-4 青木香横切面永久制片

（4）根被。

位于外皮层之外，由 1～25 层左右死细胞构成的鞘，发挥机械保护、保水和营养物质吸附等作用。存在于兰科、一些石蒜科、天南星科、薯蓣科、百合科以及百部科植物根部的典型适应性结构特征。其细胞壁多有螺旋式增厚，呈天鹅绒状，或网状、羽毛状结构，具有海绵质地。根被组织成熟前细胞并未死亡，水分充足的情况下仍然可以分化出根毛。

（马冰玉）

实验六

植物茎的外形、初生及次生结构的观察

▓▌ 一、实验目的

观察植物茎的永久制片和临时切片，了解并掌握各类植物茎的基本特征。

（1）掌握茎的形态和变态特征。

（2）熟悉茎的初生构造及次生构造特点。

▓▌ 二、实验仪器和用品

显微镜、酒精灯、载玻片、盖玻片、刀片、镊子；水合氯醛试液、盐酸、间苯三酚试液、蒸馏水等。

▓▌ 三、实验材料

樟树幼嫩茎叶、加杨幼嫩茎叶、菠菜；向日葵幼茎横切面永久制片、3～4 年生椴树茎横切面永久制片、薄荷茎横切面永久制片、玉蜀黍茎横切面永久制片。

▓▌ 四、实验步骤

1. 茎的形态

茎的形态特征：节和节间、顶芽、腋芽、叶痕和皮孔。

2. 双子叶植物草质茎的初生结构(观察向日葵幼茎横切面永久制片)

在低倍镜下区分出表皮、皮层和维管柱三部分,维管束环状排列为一圈,束间有髓射线,中央为宽大的髓。然后转换高倍镜逐层观察,向日葵幼茎横切面局部如图 6-1 所示。

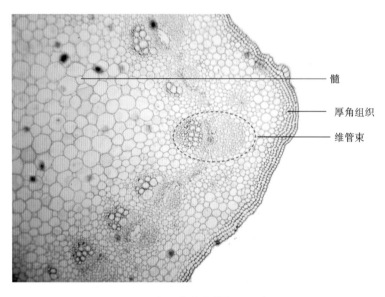

图 6-1　向日葵幼茎横切面局部

(1)表皮:为一层排列整齐、紧密的扁长方形的薄壁细胞组成,其外壁角质加厚,有时可见非腺毛。

(2)皮层:为多层薄壁细胞,具细胞间隙。与根的初生构造相比,所占比例很小。靠近表皮的几层细胞较小,是厚角组织,细胞在角隅处加厚,细胞内可见被染成绿色类圆形叶绿体,其内为数层薄壁细胞,其中有小型分泌腔。皮层的最内一层细胞无凯氏带地分化,贮存丰富的淀粉粒,称淀粉鞘(但在永久制片中看不清楚)。

(3)维管柱:所占面积宽广,包括维管束、髓射线和髓,为数个大小不等的无限外韧维管束,排成一轮,每个维管束由初生韧皮部、束中形成层、初生木质部组成。

① 维管束:初生韧皮部位于维管束外方,其外侧有初生韧皮纤维,横切面呈多角形,很多细胞的细胞壁明显木化加厚,被染成红色。在初生韧皮纤维内方是筛管、伴胞和韧皮薄壁细胞。束中形成层为 2～3 列扁平长方形细胞,排列紧密、壁薄,是原形成层保留下来的、仍具有分裂能力的分生组织。初生木质部包括原生木质部和后生木质部,导管横切面呈类圆形或多角形,根据导管分子口径的大小和番红染色的深浅可以判断,靠近茎中心的是原生木质部,导管口径小,发生早,染色深;而接近束中形成层的为后生木质部,导管口径大,发生较晚,染色浅淡。

② 髓射线:是两个维管束之间的薄壁细胞,它外连皮层,内接髓部,具横向运输兼贮藏的功能。

③髓：位于茎的中央，也是维管柱中心的薄壁细胞，排列疏松，常具贮藏功能。

3. 双子叶植物草质茎次生构造（观察薄荷茎横切面永久制片）

如实验三图3-4所示，可见茎呈四方形，在显微镜下由外到内仔细观察以下部分。

（1）表皮：为一层长方形表皮细胞组成，外被角质层，有时具毛（腺毛、非腺毛或腺鳞）。

（2）皮层：较窄，为数层排列疏松的薄壁细胞组成。在四个棱角内方，各有10余层厚角细胞组成的厚角组织，其细胞角隅处加厚明显，切片被染成绿色。内皮层明显，径向壁上可见被染成红色的凯氏点。

（3）维管柱。

①维管束：由四个大的维管束（正对棱角）和其间较小维管束环状排列。韧皮部在外方，狭窄，形成层成环，束间形成层明显。木质部在棱角处较发达，导管单列，数行，纵向排列，在导管列之间为薄壁细胞组成的维管射线。

②髓：发达，由大型薄壁细胞组成。

③髓射线：由维管束间的薄壁细胞组成，宽窄不一。

此外，在茎的各部薄壁细胞内，有时还可见到呈扇形、具放射状纹理的橙皮苷结晶。

4. 双子叶植物木本茎的次生结构（观察3～4年生椴树茎横切面永久制片）

先在低倍镜下观察切面的整个轮廓，可见两大部分：周皮和次生维管组织。换高倍镜观察，自横切面的最外层向内依次观察，椴树茎横切面如图6-2所示。

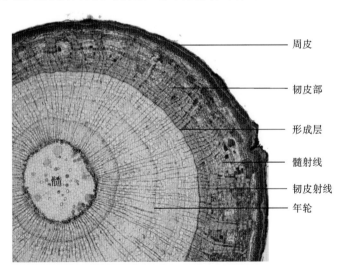

图 6-2　椴树茎横切面

（1）周皮：包括木栓层、木栓形成层、栓内层三部分。木栓层位于最外层，由数层排列整齐的扁平状细胞组成，被染成棕红色或红褐色。木栓形成层，位于木栓层之内，为1～3

层颜色淡而扁平的细胞,木栓形成层以及两侧刚刚分生出未成熟的组织不易区分。栓内层(又称皮层、次生皮层)位于木栓形成层内方,由多层排列疏松的薄壁细胞组成,薄壁细胞内有簇晶,栓内层有厚壁组织,成束状,被染成红色。

(2)次生韧皮部:细胞排列成梯形(底部靠近形成层),与排列成喇叭形的髓射线薄壁细胞相间分布。在切片中,占茎部横切比例较小,明显可见被染成红色的韧皮纤维与被染成绿色的韧皮薄壁细胞(不同的切片颜色可能有差异)、筛管和伴胞呈横条状相间排列。初生韧皮部已破坏。

(3)形成层:为形成层区,呈环状,由4~5层排列整齐的扁长细胞组成。

(4)次生木质部:在形成层内方,在横切面上占有最大面积。由于其细胞直径的大小与壁的厚薄不同,可以看到数轮同心轮层,即年轮。注意观察早材和晚材在组织构造上的区别,紧靠髓部周围的一群小型导管即初生木质部。

(5)髓:位于茎的中央,主要由薄壁细胞组成,有的含草酸钙簇晶,有的含黏液和单宁,所以部分细胞染色较深。

(6)髓射线:由髓部薄壁细胞向外辐射状发出,直达皮层经木质部时,为1~2列细胞,至韧皮部时扩大成喇叭状。

(7)维管射线:在每个维管束内,由木质部和韧皮部中的横向运输的薄壁细胞组成,一般短于髓射线。位于木质部的称木射线,位于韧皮部的称韧皮射线。

5. 单子叶植物茎的结构观察(观察玉蜀黍茎横切面永久制片)

绝大多数单子叶植物茎中没有形成层,只有初生结构,构造比较简单,不能进行增粗生长,与双子叶植物茎比较,主要不同点是其维管束呈星散状,分布于基本组织中,因此没有皮层和髓的明显界限,玉蜀黍茎横切面及局部如图6-3、图6-4所示。

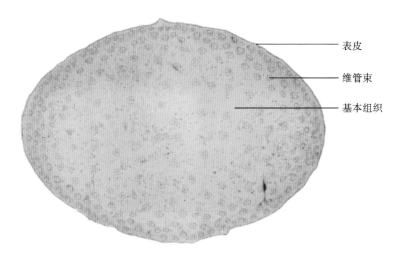

表皮

维管束

基本组织

图6-3 玉蜀黍茎横切面

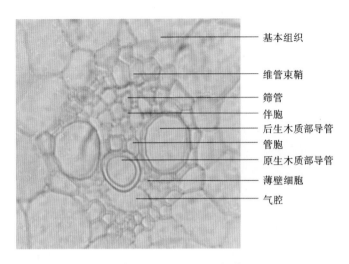

图 6-4 玉蜀黍茎局部

（1）表皮：为一层长方形表皮细胞组成，具有角质层，其下常有厚壁细胞。

（2）基本组织：表皮内为大量基本组织。

（3）维管束：分散在基本组织中，靠边缘部分较多，但每个维管束的个体较小，在茎中部的维管束分布较少，但个体较大，因此在玉米茎中没有皮层和髓的界限，也没有维管柱的界限。换高倍镜仔细观察每一个维管束的结构，可见到每个维管束的外围都有一圈由厚壁细胞（纤维）组成的维管束鞘，其内只有木质部和韧皮部两部分，其间没有形成层，是有限维管束。其中初生韧皮部在外方；包括在最外方的原生韧皮部，有时已被挤破，后生韧皮部在它的里侧，是有功能的部分，只含筛管和伴胞两种成分，排列十分规则。初生木质部通常含有 3～4 个显著的、被染成红色的导管，口径较大，在横切面上排列成 V 形，其下半部分是原生木质部，由 1～2 个较小的导管和少量的薄壁细胞组成，往往由于茎的伸长而将环纹或螺纹的导管扯破，形成一个空腔，称气腔或胞间道。V 形的上半部分是后生木质部，有两个大的孔纹导管，两者之间分布着一些管胞。

6. 樟树茎幼嫩枝条（观察樟树茎幼嫩枝条临时切片）

（1）观察茎的外形。

（2）横切，制片，观察初生和次生构造，然后用间苯三酚染色观察。注意，因其是当年生的幼嫩枝条，故没有年轮；皮层细胞中含有叶绿体，因而呈现出绿色，樟树茎临时切片如图 6-5 所示。

五、作业

绘制简图并标注。

（1）向日葵幼茎横切面永久制片。标注：韧皮部、木质部、表皮、髓、髓射线。（20 分）

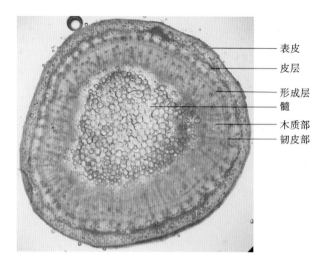

| 表皮 |
| 皮层 |
| 形成层 |
| 髓 |
| 木质部 |
| 韧皮部 |

图 6-5　樟树茎临时切片

(2) 3~4 年生椴树茎横切面制片。标注：周皮、韧皮部、木质部、形成层、髓、年轮。(20 分)

(3) 玉蜀黍茎横切面永久制片。标注：表皮、木质部、韧皮部、维管束、薄壁组织。(20 分)

(4) 樟树幼嫩枝条临时制片。标注：表皮、皮层、韧皮部、形成层、木质部、髓。(20 分)

■ 六、思考题

茎中初生木质部的分化、成熟方向与根有何不同？(20 分)

■ 七、知识点

(1) 通过永久切片判断树木存活年限及树木存活年限对药材品质的意义。

树木横截面上有颜色深浅相间的同心圆环。一层浅色与一层深色的同心圆轮共同组成一个年轮，它相当于一个生长期。年轮总数大致与树木存活年龄相当。据其宽度与圈数可推测树木生存环境和生长年龄；树皮年轮数的增加具有一定的稳定性，但年轮的宽度、结构随树种、生长条件等因素的不同而有某些差异，因此，若将木质部年轮与树皮年轮的研究结合起来，相互印证与补充，可对树木所在地过去气候、雨量、自然灾害的研究提供有益的线索，同时许多生药来源于树木，在生药学研究中引入树皮年轮这一概念对客观地认识、准确地记述药材性状，考察由于树龄不同引起的药材变异，澄清某些中药品种具有一定的价值。例如，有效成分的含量是生药质量标准之一，树木在不同生长年龄阶段产生次生物质的能力常有不同,因此应用树皮年轮确定树龄,进一步研究植物体中有效成分的含量变化规律,有助于确定药材的最佳采收期、指导优质药材的生产。

（2）樟树茎中油细胞和黏液细胞的分布。

樟脑樟油是重要的林化产品,广泛用于化工和医药行业。油细胞是一种特化的分泌细胞,多呈散生状分布于这类植物各组织中,是芳香油、油脂产生的主要场所。黏液细胞是一种异形细胞,属于分泌组织之一,是黏质产生、贮存的重要部位。樟属植物富含樟油、樟脑,与油细胞和黏液细胞的存在有着密切的关系。对新鲜材料进行徒手切片和组织染色,可以鉴别油细胞和黏液细胞的有无及分布。油细胞和黏液细胞在成熟时体积都比周围细胞大。一般情况下,观察到的油细胞是不透明的,体积较周围薄壁细胞略大或等大,番红-固绿染色时只对番红着色；而黏液细胞体积一般比油细胞大 1～2 倍,石蜡切片上多呈一空腔,细胞壁薄,胞内成分对固绿着色深。油细胞主要集中在皮层和次生韧皮部,木质部的射线组织和髓部有少量分布,而且油细胞大小也不同,在髓部最大,其次是皮层,在韧皮部、射线组织中最小。次生组织中有较少黏液细胞,皮层部位有少量黏液细胞分布,韧皮部有零散黏液细胞分布。

（左檬翰）

实验七

叶的外形、初生及次生结构的观察

▌▌ 一、实验目的

观察叶的永久制片和临时切片，了解并掌握各类植物叶的基本特征。

（1）了解叶的外部形态，掌握区分叶的各部分、单叶及复叶的基本原则。

（2）掌握叶的显微结构的基本特征。

（3）掌握叶的徒手切片技术。

▌▌ 二、实验仪器和用品

显微镜、酒精灯、载玻片、盖玻片、刀片、镊子，水合氯醛试液、盐酸、间苯三酚试液、蒸馏水等。

▌▌ 三、实验材料

樟树幼嫩茎叶、加杨幼嫩茎叶、菠菜叶；薄荷叶横切面永久切片、小麦叶横切面永久切片。

▌▌ 四、实验内容

1. 植物叶的外形观察

叶的基本形态：叶片、叶柄、托叶。

单叶与复叶:单叶、复叶(羽状复叶、掌状复叶、三出复叶、单身复叶)。

2. 制备叶的临时切片

(1) 选切叶片:选一片新鲜叶片(菠菜叶,加杨叶),平放在玻璃板上,用刀片切去叶片基部、叶片尖端以及叶片两侧的边缘,留下宽约 3 mm 左右、中央带有主脉的长方形小块叶片。

(2) 切取材料:用左手食指指尖压住材料一端,右手捏紧刀片,从另一端沿与主叶脉垂直的方向多次切割材料,每切一次刀片要蘸水一次,以便将切下的叶片薄片放入盛有清水的玻璃皿中。

(3) 选材制片:用镊子从水中选取较薄的叶片切片,横放(切面与玻片平行)在洁净的载玻片上,制成临时切片。

3. 观察双子叶植物叶的内部构造(观察薄荷叶永久制片和加杨叶临时切片)

(1) 表皮:位于叶的上、下表面,分别称为上表皮和下表皮,薄荷叶永久制片如图 7-1 所示。上、下表皮均由一层细胞组成,横切面呈长方形,外壁有透明角质层。表皮上可见腺毛、非腺毛和腺鳞。在表皮细胞中有成对、较小的细胞,即保卫细胞,两个保卫细胞之间的缝隙是气孔。注意观察细胞中是否有叶绿体,以及上、下表皮气孔数目的差异。

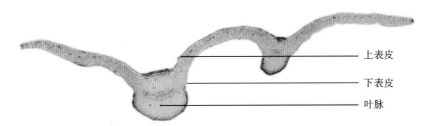

图 7-1　薄荷叶永久制片

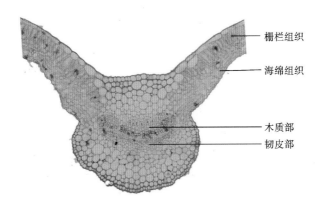

图 7-2　薄荷叶局部

（2）叶肉：位于上、下表皮之间，细胞中含有大量叶绿体，薄荷叶局部如图7-2所示。靠近上表皮，与其垂直的一层（或两层）排列整齐的长圆柱形薄壁细胞称为栅栏组织，细胞内含叶绿体较多。在栅栏组织和下表皮之间，有许多形状不规则、排列疏松的薄壁细胞称为海绵组织，细胞内含叶绿体较少（见图7-3）。主脉附近的叶肉中可见到分泌腔。

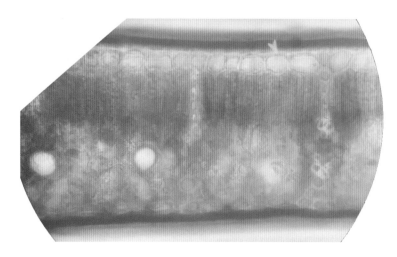

图 7-3　加杨叶局部（上面是栅栏组织，下面是海绵组织）

（3）叶脉：叶肉中的维管组织，主脉较大，由主脉进行分支形成侧脉，加杨叶临时切片如图7-4所示。主脉包埋在基本组织中，上方表皮下有厚角组织，下方基本组织中有厚壁细胞分布。叶脉维管束的木质部在近轴面，而韧皮部在远轴面。在较大叶脉的木质部与韧皮部之间有一层形成层细胞。侧脉维管束的组成趋于简单，木质部和韧皮部只有少数

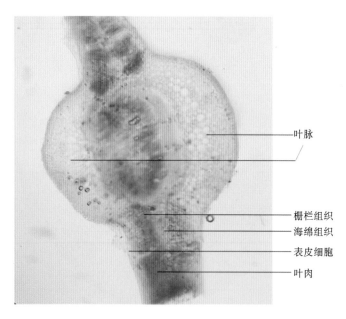

图 7-4　加杨叶临时切片

几个细胞,但一般具有薄壁细胞形成的维管束鞘。

4. 观察单子叶植物叶的内部构造(观察小麦叶永久制片)

(1)表皮:小麦叶表皮分上、下表皮,各为一层细胞组成。表皮由表皮细胞、表皮毛、气孔器、上表皮泡状细胞(或称运动细胞)构成,小麦叶永久制片如图7-5所示。表皮细胞外壁角质层增厚,并高度硅化,形成一些硅质和栓质乳突及附属毛。泡状细胞位于两个维管束之间,呈扇形,外壁无角质层增厚。上、下表皮均有气孔分布,可见保卫细胞和副卫细胞的横切面,小麦叶局部如图7-6所示。

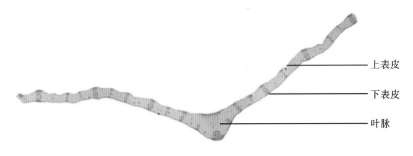

图 7-5　小麦叶永久制片

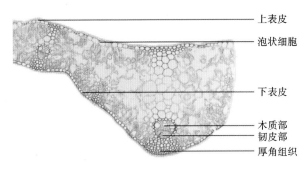

图 7-6　小麦叶局部

(2)叶肉:叶肉无栅栏组织和海绵组织之分,属等面叶。叶肉细胞不规则,其细胞壁向内皱褶,形成具有"峰、谷、腰、环"结构的叶肉细胞。

(3)叶脉:叶脉为平行脉,见到的只有横切面。维管束有大有小,维管束鞘为两层细胞,外层细胞较大、壁薄、含少量叶绿体,内层细胞小、壁厚。叶脉上、下方都有机械组织将叶肉隔开而与表皮相连,属有限维管束。

五、作业

绘制简图并标注。

(1)薄荷叶横切面永久切片。标注:厚角组织、木质部、韧皮部、上表皮、海绵组织、栅

栏组织、下表皮、气孔。(20分)

(2) 小麦叶横切面永久切片。标注：厚角组织、下表皮、韧皮部、木质部、上表皮、气孔。(20分)

(3) 新鲜叶片临时制片。标注：叶脉、栅栏组织、海绵组织、上表皮、叶肉。(20分)

六、思考题

(1) 栅栏组织和海绵组织的细胞特点及孔下室的分布位置与植物的生存环境及叶的功能有什么关系？(20分)

(2) 就叶的外形和结构而言，双子叶植物与单子叶植物有何不同，原因何在？(20分)

七、知识点

薄荷及其伪品留兰香、皱叶留兰香的鉴别。

在花卉市场上，唇形科植物留兰香(*Mentha spicata*)和皱叶留兰香(*Mentha crispata*)常被当作薄荷(*Mentha haplocalyx*)售卖；药材市场上，留兰香和皱叶留兰香也是薄荷常见的伪品。鉴别要点如下：薄荷轮伞花序腋生，而留兰香、皱叶留兰香轮伞花序生于茎及分支顶端；薄荷叶上有许多腺鳞，皱叶留兰香则无；薄荷叶揉搓后有浓郁的芳香气，味辛，凉感浓；留兰香、皱叶留兰香叶揉搓后有特殊悦人香气，似鱼香气，味辛，无凉感。薄荷有橙皮苷结晶，而留兰香、皱叶留兰香则无。薄荷含薄荷脑、薄荷醇等；留兰香、皱叶留兰香含芳香油，其油称留兰香油或绿薄荷油，主要成分为香旱芹子油萜酮，无薄荷脑。

(左檬翰)

实验八

花的解剖

▊▊ 一、实验目的

观察花的外部形态与结构。

（1）掌握被子植物花的组成、外部形态特征及各组成部分的特点。

（2）掌握被子植物的主要花序类型。

（3）熟悉解剖花的方法和使用花程式描述花。

（4）了解花的常用形态术语。

▊▊ 二、实验仪器

解剖镜、放大镜、镊子、刀片、解剖针、方盘。

▊▊ 三、实验材料

常见代表花 6～10 种、百合子房横切面永久制片。

▊▊ 四、实验步骤

（一）观察花的基本组成部分

1. 观察花的组成

取备好的花一朵，用镊子由外向内剥离，观察其组成。

观察花柄、花托、花萼、花冠、雄蕊、雌蕊及子房位置，如图 8-1、图 8-2、图 8-3 所示。

（a）

（b）

（c）

图 8-1　忍冬及其花（图 8-1(a)为金银花，以花蕾入药，花双生于总花梗之顶，总花梗通常单生于小枝上部叶腋；苞片大，叶状；花冠白色，后变黄色，二唇形而上唇 4 裂，下唇带状而反曲，花冠筒长；雄蕊和花柱均高出花冠，图 8-1(b)为雄蕊，花丝着生于花筒壁上，两枚较短，花药丁字着生。图 8-1(c)为花药裂开后散开的花粉）

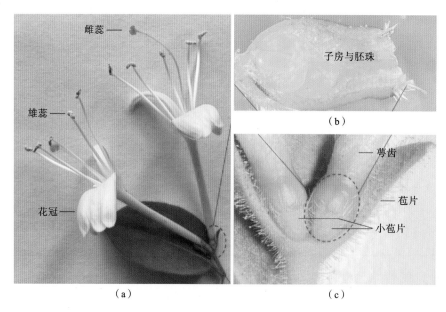

雌蕊

子房与胚珠

（b）

雄蕊

萼齿

苞片

小苞片

花冠

（a）

（c）

图 8-2　金银花的放大与解剖（小苞片长约 1 mm，为萼筒的 1/2～4/5；萼筒长约 2 mm，无毛，萼齿卵状三角形或长三角形；子房下位，2～3 室，顶生胎座，每室 2 个胚珠）

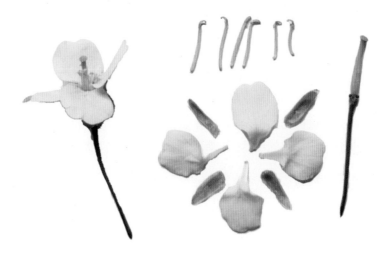

图 8-3 油菜花的解剖

2. 花冠的类型

十字形花冠：观察油菜花(或相关植物的花)，其花瓣 4 枚，分离，上部外展呈十字形。

蝶形花冠：观察刺槐花(或相关植物的花)，其花瓣 5 枚，分离，最外方 1 枚为旗瓣，侧面 2 枚为翼瓣，下面 2 枚顶端常联合并向上弯曲为龙骨瓣。

唇形花冠：观察益母草花(或相关植物的花)，其花冠二唇形，由 5 枚花瓣联合而成，上唇 2 裂，下唇 3 裂。

管状花冠：观察大蓟花(或相关植物的花)，其花冠联合，上部分裂，下部联合呈细管状。

舌状花冠：观察向日葵花(或相关植物的花)，其花冠基部联合呈短筒状，上部向一侧延伸呈扁平舌状。

漏斗状花冠：观察牵牛花(或相关植物的花)，其花冠合生，自下而上逐渐扩大呈漏斗状。

钟状花冠：观察桔梗花(或相关植物的花)，其花冠合生，花冠筒宽而短，上部裂片外展似铜钟形。

辐状(轮状)花冠：观察枸杞花(或相关植物的花)，其花冠筒短，上部裂片广展呈车轮状。

高脚碟状花冠：观察迎春花(或相关植物的花)，其花冠下部细长呈筒状，上部水平展开呈碟状。

3. 雄蕊的组成和类型

雄蕊由花药和花丝两部分组成。雄蕊根据一朵花的雄蕊数目、长短、分离、联合等情况可分为下列类型。

二强雄蕊：观察益母草花的雄蕊，其雄蕊 4 枚，2 枚较长，2 枚较短。

四强雄蕊：观察油菜花的雄蕊，其雄蕊 6 枚，4 枚较长，2 枚较短。

单体雄蕊：观察蜀葵花的雄蕊，其雄蕊多枚，花丝联合呈筒状，花药分离。

二体雄蕊：观察刺槐花的雄蕊，其雄蕊的花丝联合成 2 束，10 枚雄蕊中，9 枚花丝联合，1 枚分离。

多体雄蕊：观察金丝桃花的雄蕊，其雄蕊多枚，花丝分别联合成数束。

聚药雄蕊：观察向日葵花的雄蕊，其雄蕊的花药联合呈筒状，花丝相互分离。

4. 雌蕊的组成和类型

雌蕊是由心皮构成的，包括子房、花柱和柱头三部分。根据组成雌蕊的心皮数目可分为以下类型。

单雌蕊：观察刺槐花的雌蕊，其雌蕊由 1 个心皮构成。另取白兰花进行观察，其雌蕊由多个离生心皮构成。

复雌蕊：观察桔梗花的雌蕊，其雌蕊由 5 个心皮构成。

5. 观察子房与胚珠的结构

取百合子房横切面(示胚珠结构)永久制片(见图 8-4)，置低倍镜下观察，可见百合子房由三个心皮联合构成，子房 3 室，每两个心皮边缘联合向中央延伸形成中轴，胚珠着生在中轴上，在整个子房中，共有胚珠 6 行，在横切面上可见每个室内有 2 个倒生的胚珠着生在中央，称中央胎座。换高倍镜观察子房壁的结构，可见子房壁的内外均有表皮，两层表皮之间为圆球形薄壁细胞组成的薄壁组织。再换低倍镜，辨认背缝线、腹缝线、中轴和子房室，然后选择一个通过胚珠正中的切面，用高倍镜仔细观察胚珠的结构。

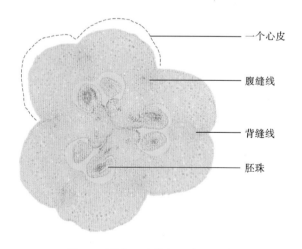

图 8-4　百合子房横切面永久制片

珠柄:在心皮边缘所组成的中轴上,是胚珠与胎座连接的部分。

珠被:胚珠最外面的两层薄壁细胞,外层为外珠被,内层为内珠被。

珠孔:两层珠被延伸生长到胚珠的顶端并不联合,留有一孔,即为珠孔。

珠心:胚珠中央部分为珠心,包在珠被里面。

合点:珠心、珠被和珠柄联合的部分。

胚囊:珠心中间有一囊状结构,即为胚囊。

6. 胎座的类型

边缘胎座:观察刺槐花或果实,由单心皮构成,子房1室,胚珠沿着腹缝线着生。

中轴胎座:观察桔梗花,其雌蕊由5心皮组成,子房5室,胚珠着生于子房的中轴上。

侧膜胎座:观察黄瓜花或果实,可见其雌蕊由3心皮组成,子房1室或假数室,胚珠沿相邻两心皮的腹缝线着生。

基生胎座:观察向日葵花或果实,可见其子房1室,胚珠着生于子房室基部。

特立中央胎座:观察瞿麦花,其为复雌蕊,由于隔膜消失而成子房1室或假数室,胚珠着生于残留的中轴周围。

顶生胎座:观察桑花,可见其子房1室,胚珠着生于子房室的顶部。

(二)观察花序的形态

1. 无限花序

无限花序也称总状花序,它的特点是花序的主轴在开花期间,可以继续生长,向上伸长,不断产生苞片和花芽,犹如单轴分支,所以也称单轴花序。各花的开放顺序是花轴基部的花先开,然后向上方顺序推进,依次开放。如果花序轴缩短,各花密集呈一平面或球面,则开花顺序先从边缘开始,然后向中央依次开放。无限花序又可以分为以下几种类型。

(1)总状花序:花轴单一,较长,自下而上依次着生有柄的花朵,各花的花柄大致长短相等,开花顺序由下而上,如云实、紫藤、荠菜、油菜的花序。云实总状花序如图8-5所示。

(2)穗状花序:花轴直立,其上着生许多无柄小花。小花为两性花。禾本科、莎草科、苋科和蓼科中许多植物都具有穗状花序。鱼腥草穗状花序如图8-6所示。

(3)柔荑花序:花轴较软,其上着生多数无柄或短柄的单性花(雄花或雌花),无花被或有花被,花序柔韧,下垂或直立,开花后常整个花序一起脱落。例如,杨、柳的花序;栎、榛等的雄花序。胡桃(核桃)雄性荑花序如图8-7所示。

(4)伞房花序:或称平顶总状花序,是变形的总状花序,不同于总状花序之处在于,花序上各花柄的长短不一,下部花柄最长,越近花轴上部的花柄越短,结果使得整个花序上

图 8-5 云实总状花序

图 8-6 鱼腥草穗状花序

的花几乎排列在一个平面上。花有梗,排列在花序轴的近顶部,下边的花梗较长,向上渐短,花位于一近似平面上,如鸡爪槭、山楂等。鸡爪槭(城市、校园常见绿化植物)的伞房花序(此图为果序)如图 8-8 所示。

(5)头状花序:花轴极度缩短而膨大,扁形,铺展,各苞片叶常集成总苞,花无梗,多数花集生于同一花托上,形成状如头的花序,如菊、蒲公英、牛蒡、向日葵等。蒲公英和牛蒡

图 8-7 胡桃(核桃)雄性葇荑花序

图 8-8 鸡爪槭(城市、校园常见绿化植物)的伞房花序(此图为果序)

头的头状花序与果序如图 8-9 所示。

(6) 伞形花序:花轴缩短,大多数花着生在花轴的顶端。每朵花有近于等长的花柄,从一个花序梗顶部伸出多个花梗近等长的花,整个花序形如伞,称伞形花序,每一小花梗称为伞梗,如竹节参、点地梅、人参、五加、常春藤等。竹节参伞形花序如图 8-10 所示。

(7) 肉穗花序:基本结构和穗状花序相同,所不同的是花轴粗短,肥厚而肉质化,上生多数单性无柄的小花,如玉米、香蒲的雌花序,有的肉穗花序外面还包有一片大型苞叶,称佛焰苞,因而这类花序又称佛焰花序,如半夏、天南星、芋等。半夏肉穗花序如图 8-11所示。

（a）蒲公英　　　　　　　　　　　　　（b）牛蒡头

图8-9　蒲公英和牛蒡头的头状花序与果序

图8-10　竹节参伞形花序

2. 复合花序

以上所列各种花序的花轴都不分支，所以是简单花序。有一些无限花序的花轴有分支，每一分支上又呈现上述的一种花序，这类花序称复合花序。常见的有以下几种。

（1）圆锥花序：又称复总状花序。长花轴上分生许多小枝，每个分支又自成一总状花序，如南天竺、稻、日本女贞、丝兰等。日本女贞圆锥花序如图8-12所示。

（2）复伞形花序：花轴顶端丛生若干长短相等的分支，各分支又成为一个伞形花序，一分支又自成一伞房花序，如胡萝卜、紫花前胡、小茴香等。紫花前胡如图8-13所示。

（3）复伞房花序：花序轴的分支呈伞房状排列，每一分支又自成一伞房花序，如绣球、石楠。绣球的复伞房花序、石楠的果序如图8-14所示。

（a）　　　　　　　　　（b）

图 8-11　半夏肉穗花序（花单性，雌雄同序，雄花在上，雌花在下，中有间隔）

图 8-12　日本女贞（城市常见绿篱植物）圆锥花序

图 8-13　紫花前胡

（a）　　　　　　　　　　　　　　（b）

图 8-14　绣球的复伞房花序、石楠的果序

（4）复穗状花序：花序轴有 1 或 2 次穗状分支，每一分支自成一穗状花序，即小穗，如小麦、马唐等。小麦复穗状花序如图 8-15 所示。

（5）复头状花序：单头状花序上具分支，各分支又自成一头状花序，如雪莲、蓝刺头、合头菊。此种花序较为罕见。

图 8-15　小麦复穗状花序

3. 有限花序

有限花序也称聚伞类花序,它的特点与无限花序相反,花轴顶端或最中心的花先开,因此主轴的生长受到限制,侧轴继续生长,但侧轴上也是顶花先开放,故其开花的顺序为由上而下或由内向外。有限花序又可以分为以下几种类型。

(1) 单歧聚伞花序:主轴顶端先生一花,然后在顶花的下面主轴的一侧形成一侧枝,同样在枝端生花,侧枝上又可分支着生花朵,所以整个花序是一个合轴分支。如果分支时,各分支成左、右间隔生出,而分支与花不在同一平面上,这种聚伞花序称蝎尾状聚伞花序,如委陵菜、黄菖蒲的花序。黄菖蒲的蝎尾状聚伞花序如图 8-16 所示。如果各次分出的侧枝都向着一个方向生长,则称螺状聚伞花序,如勿忘草花序。

(2) 二歧聚伞花序:也称歧伞花序。顶花下的主轴向着两侧各分生一枝,枝的顶端生花,每枝再在两侧分支,如此反复进行,如金丝桃、繁缕、大叶黄杨等。乌敛莓、金丝桃的二歧聚伞花序如图 8-17 所示。

(3) 多歧聚伞花序:主轴顶端发育一花后,顶花下的主轴上又分出三个以上的分支,各分支又自成一小聚伞花序,如泽漆、佛肚树等的花序。大戟科泽漆和佛肚树的多歧聚伞花序如图 8-18 所示。

轮伞花序、隐头花序也属于有限花序。益母草轮伞花序如图 8-19 所示。

图 8-16　黄菖蒲的蝎尾状聚伞花序（最上方一朵花将谢，而最下一朵花刚开）

（a）　　　　　　　　　　　（b）

图 8-17　乌蔹莓、金丝桃的二歧聚伞花序（中心一朵花已开，甚至花谢结果，两侧还是花苞）

（三）用花程式描述花

在上面的实验材料中，选取几种植物的花，进行系统的解剖，按照花程式的书写方法，用花程式描述这几种植物的花。

（a）　　　　　　　　　　　　　　（b）

图 8-18　大戟科泽漆和佛肚树的多歧聚伞花序

图 8-19　益母草轮伞花序

五、作业

选取 2 种植物的花,分别解剖,并绘花序图。(50 分)

六、思考题

如何区分有限花序和无限花序?(50 分)

七、知识点

由于原始被子植物的灭绝,所以花序的演化过程只能靠推断来重建。解析花序的演化,其说不一,但主要有两说:扩大说和简化说。目前,花序简化说得到大量的证据支持,该学说认为具叶的聚伞花序是被子植物最原始的花序类型,无限花序起源于有限花序。

总状花序花轴的发育受到抑制,依次形成伞房花序、伞形花序或头状花序。球形或头状的花序常是花轴系简化的结果。李属(蔷薇科)表现出从总状花序到单花的连续变异,总状花序和多花是祖先性状,花序的演化方向为花序轴缩短和开花数量减少。枫香属雄花序,为总状式,花轴颇长;雌花序的花轴系简化为头状。悬铃木属不论雌花序或雄花序的花轴系,均已简化成头状。头状花序的数量也在逐步简化。橡子是由密集的雌花簇经过简化发育而成的,花序的分支愈合成许多木质组织,构成壳斗的总苞;花序上的苞片形成总苞上的鳞片或针刺。壳斗内花的数目也在简化,如栗属简化为 3~5 花,栎属简化为 1 花。

[参考文献]

[1] G Ledyard Stebbins,张凤英.被子植物花序的演化趋势(上)[J].生物学杂志,1988,(02):1-8.

[2] G Ledyard Stebbins,张凤英.被子植物花序的演化趋势(下)[J].生物学杂志,1988,(03):4-11.

[3] 曹菊逸.花序分类和演化的探讨[J].华中师范大学学报(自然科学版),1980,(01):120-125.

(何姗姗)

实验九

果实和种子

（1）学会使用检索表并尝试编制检索表。
（2）掌握果实的类型和形态特征。
（3）掌握种子的类型和形态特征。

解剖镜、放大镜、刀片、镊子、解剖针、方盘。

常见代表花、果实各 6～10 种。

（一）果的外形观察

1. 肉果

肉果的果皮肉质化，往往肥厚多汁。肉果按果皮来源和性质可划分为以下几种类型。

（1）浆果：由一个或几个心皮形成的果实。果皮除外面几层细胞外，一般柔嫩，肉质多汁，内含多数种子，如葡萄、番茄、石榴。

从图 9-1 可以看出，番茄果实由中轴发出的四条中隔划分出四个心室，种子基部着生于中轴胎座，居于心室内。

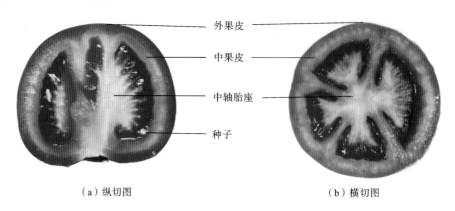

（a）纵切图　　　　　　　　　　　（b）横切图

图 9-1　番茄纵切图和横切图

（2）核果：由一心皮一室的单雌蕊发育而成的果实，通常含一枚种子。三层果皮明确可分，外果皮极薄；中果皮是发达的肉质食用部分；内果皮的细胞经木质化后，成为坚硬的核，包裹种子，所以称为核果，如胡桃、樟科植物的果实。桃的核果如图 9-2 所示。

（a）　　　　　　　　　　　　　　（b）

图 9-2　桃的核果

（3）柑果：外果皮坚韧革质，有很多油室分布。中果皮疏松髓质，有维管束分布其间，内果皮膜质，分为若干室，室内充满含汁的米粒状细胞，是由子房内壁的毛茸发育而成的，是这类果实的食用部分，如常见的柑橘、柠檬等。橘子纵切图和横切图如图 9-3 所示。

橘子是由多心皮、具中轴胎座的子房发育而成，构造由外向内依次为橘皮、橘络、橘瓣和中心柱。橘皮分为外果皮和中果皮两部分：外果皮较厚、坚韧，由外表皮层、具油腺和含结晶体的薄壁组织细胞组成；中果皮由橘皮内层白色疏松的海绵状组织（海绵层）及

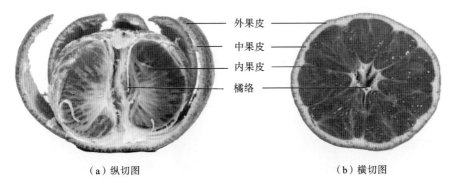

（a）纵切图　　　　　　　　　　（b）横切图

图 9-3　橘子纵切图和横切图

其延伸出的维管组织（橘络）共同构成,中果皮与外果皮界限不清。橘络是海绵层和橘瓣之间稀疏分布的网络状组织,是中果皮的延伸。橘络包裹着的就是橘瓣,橘瓣围绕中心柱而生。橘瓣由膜质的内果皮分隔而成,橘瓣内部包含许多肉质多汁的囊状腺毛和种子,腺毛为主要的食用部分。

　　橘子的果皮有外果皮、中果皮、内果皮之分,陈皮为橘的整个果皮,比橘红厚,常剥成不规则的数瓣,外表面与橘红颜色相同,可见油室。内表面黄白色,有筋络状维管束。橘红为橘的最外层果皮,比较薄,即陈皮去白留红者为橘红。外表橙黄色或橙红色,边缘皱缩卷曲,果皮内表面清晰可见密集的油室,俗称"棕眼",对光看呈半透明。

　　（4）梨果:果实由花筒和心皮部分愈合后共同形成,所以是一类假果。外面很厚的肉质部分是原来的萼筒,肉质部分以内才是果皮,如梨、苹果等。苹果纵切图和横切图如图9-4 所示。

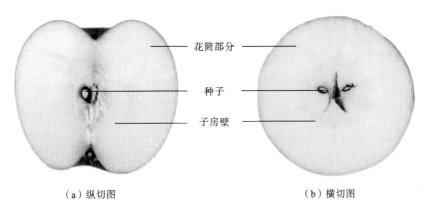

（a）纵切图　　　　　　　　　　（b）横切图

图 9-4　苹果纵切图和横切图

　　苹果萼筒部分（又称中果皮）就是我们平时吃的果肉,以内为果皮,果皮坚韧,里面包裹种子,就是果核。

　　（5）瓠果:果实的肉质部分是子房和花托共同发育而成的,如葫芦科植物的果实。黄瓜是典型的侧膜胎座,由中轴发出的 6 条假隔膜划分出多个假室,种子基部着生于胎座,居于心室内,果皮内侧有多个维管束均匀分布,黄瓜横切图如图 9-5 所示。

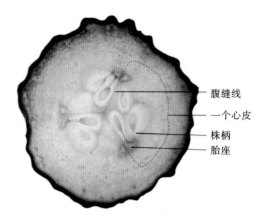

腹缝线
一个心皮
株柄
胎座

图 9-5　黄瓜横切图(3 心皮合生,侧膜胎座,腹缝线是相邻两心皮的分界线)

2. 干果

果实成熟后,果实干燥无汁的称干果。干果主要有以下几种。

(1)蓇葖果:由单心皮或离生心皮雌蕊发育而成,成熟时沿腹缝线或背缝线一侧开裂,如木兰、八角。八角(见图 9-6)可形成多个心室,成熟时沿腹缝线开裂,内有种子。种子饱满,有光泽。

图 9-6　八角聚合蓇葖果(果实只在一侧开裂)

(2)荚果:由单心皮发育而成。成熟时沿腹、背缝线同时开裂,为豆科植物特有的果实,如豌豆、苦参。豌豆的荚果如图 9-7 所示。

(3)角果:由 2 心皮合生的子房发育而成,具假隔膜,种子生于假隔膜上,成熟时两侧腹缝线同时开裂,分为长角果和短果,如油菜、菘蓝。油菜的角果如图 9-8 所示。

(4)蒴果:合生心皮发育的果实,子房一至多室,成熟时有多种开裂方式,如室间开裂、室背开裂、室轴开裂、孔裂、盖齿裂,如蓖麻、紫薇、洋金花等。洋金花和紫薇的蒴果如图 9-9 所示。

(5)瘦果:单粒种子,成熟时果实易与种皮分离,如向日葵。

(6)颖果:单粒种子,成熟时果实与种皮愈合,不易分离,如玉米。玉米颖果如图 9-10 所示。

（a）

（b）

图 9-7 豌豆的荚果

（a）

（b）

图 9-8 油菜的角果

（a）

（b）

图 9-9 洋金花和紫薇的蒴果

图 9-10　玉米颖果

玉米种子排列紧密，有序地着生于花序轴上。种子顶部有的饱满，有的凹陷，籽粒的顶部凹陷是由籽粒硬淀粉和软淀粉的干燥度不同引起的。硬粒玉米含软淀粉少，干燥后顶部通常不凹陷。

（7）翅果：单粒种子，果皮向外延生成翅，如枫杨、鸡爪槭、何首乌等，如图 9-11 所示。

（a）　　　　　　　　　（b）　　　　　　　　　（c）

图 9-11　枫杨、鸡爪槭、何首乌翅果

（二）种子的类型和形态特征

1. 有胚乳种子

取蓖麻种子进行观察，其呈扁平广卵形，一面平坦，另一面隆起。外种皮较坚硬。观其表面,具灰褐色花纹,在种子较窄的一端有一白色海绵状突起物为种阜,剥去种阜可见种脐,在种子隆起的一面有一条纵行隆起线为种脊,合点汇于种子较宽一端(即种脊的上方);内种皮白色膜质。剥去种皮可见乳白色的胚乳。用刀片平行于种子的宽面作纵切,把胚乳及子叶分成两半,用放大镜观察,能见到叶脉清晰的子叶,同时可见到胚根、极小的胚芽和很短的胚轴。

2. 无胚乳种子

取经过水泡的黄豆种子仔细观察,其呈肾形,种皮革质,平滑,淡黄色,在种子一侧凹陷处,有一椭圆形的棕色痕迹为种脐,在种脐的一侧有胚根伸出处为种孔,种脐的另一侧较短的隆起部分为种脊,种脊的下方为合点。剥去种皮,可见两片肥厚的子叶,分开两片子叶,可见子叶着生在胚轴上,胚轴的上端为胚芽,胚轴的下端有一尾状为胚根。

▊▊ 五、作业

(1) 绘制梨果的横切面、纵切面简图,注明果皮、外果皮、种子、花筒部分等结构。(30分)

(2) 绘制八角果实,注明果皮、种子等结构。(30分)

▊▊ 六、思考题

聚合果与聚花果的根本区别是什么?(40分)

▊▊ 七、知识点

(1) 聚花果。

聚花果也称复果,由一整个花序形成的复合果实,称为聚花果,它与聚合果不同,聚合果是由一朵花形成的,而不是由整个花序形成的。桑、无花果、菠萝(凤梨)等的果都是聚花果。桑的果实是由雌花序发育成的聚花果,每一雌花的子房发育成一个小单果(又称核果),包藏在厚而多汁的花萼中,食用复果的肉质多汁部分为雌花的花萼,但这些果实到成熟时会结合成一颗较大的果。

(2) 聚合果。

聚合果是指一朵花的许多离生单雌蕊聚集生于花托,并与花托共同发育的果实,每一离生雌蕊各发育成一个单果,根据单果的种类可将其分为聚合核果(如草莓)、聚合核果(如悬钩子)、聚合坚果(如莲)和聚合蓇葖果(如八角)。桑椹(聚花果)与草莓(聚合果)如图9-12所示。

（a）桑椹　　　　　　　　　　　　（b）草莓

图 9-12　桑椹(聚花果)与草莓(聚合果)

（3）果实类型的进化。

植物解剖学是研究植物系统演化关系的重要学科,解剖结构资料是建立植物类群的分类系统和探讨类群系统发育的重要依据之一。在伞形科中,由于其果实结构的独特性和稳定性,对系统演化及分类的研究很有价值。通常人们认为伞形科植物是由五加科的祖先类群演化发展而来的,而天胡荽亚科具有木化程度较高的果皮,这一特征在解剖结构上更接近于五加科具坚硬内果皮的核果结构,因而可以推论天胡荽亚科较变豆菜亚科原始,更接近其祖先类型而处于一个较低的演化水平。

在更大范围内,基于古生物学和植物系统学手段重建果实的发育系统,一直未能很好地揭示果实类型进化的方向和模式。然而,在引入生物统计学和生物信息学方法后,对该问题却给出了新的答案。Lagomarsino 等分析了桔梗科半边莲亚科果实的进化,结果显示,在该类群中,蒴果为原始果实类型,而浆果为衍生类型。桔梗科的肉果可能经历了至少六次独立起源,其现存肉果为平行进化的结果。大范围的果实进化和多样性分析表明,桔梗分支的蒴果为最原始的果实类型,而瘦果为最进化型。其演化路径有三条:一是由蒴果失去开裂性状变为不开裂的多种子干果,又经果皮的肉质化和种子数减少,先变为浆果,再变为核果,最终因果皮失去肉质化的性状而成为瘦果;二是蒴果失去开裂性状,不经过肉质化的过程,直接减少种子数目成为瘦果;三是蒴果的种子数量减少至一个后,再失去开裂性状,成为瘦果。

▓▌[参考文献]

梁颖怡,庞学群,王艇.果实类型多样性的形成机制和进化[J].植物科学学报,2017,35(6):912-924.

（何姗姗、汪文杰）

实验十

植物检索表的使用与编制

▉▎ 一、实验目的

本次实验要求学会如何使用检索表并尝试编制检索表。

（1）掌握利用检索表鉴别植物的方法。

（2）掌握植物检索表的编制方法。

▉▎ 二、实验材料

（1）常见代表花、果实各 6～10 种。

（2）常见校园植物。

▉▎ 三、检索表简介

查阅检索表是识别鉴定植物的常用方法（还有核对标本、核对图文等法可供参考）。

检索表编制原则：先对需分类鉴定全部植物的形态进行比较，选择相互对应的、明显不同的特征，将植物按两类逐步分类，直至划分为不同的科、属、种。

检索表类型：定距检索表（常见）、平行检索表。

定距检索表：植物类群中两个相对应的特征编为相同的号码，并书写在距页面左边同等距离处；次一级的特征较上一级特征向右缩进一定距离（如一个字符的宽度)。

平行式检索表:将每一个相对应的两个分支紧紧连续排列,被给予同一项号,每一个分支后面还标明下一步查阅的项号或分类号。

四、检索表的编制

(1)编制之前,对全部植物类群的特征做一一比较。

(2)检索表的每一编号下只能设两类相对应且互不包含的性状。

(3)选择稳定的、不同类群之间有明显间断的性状用于检索(避免使用连续的数量性状)。

(4)器官名在句首,表示其特征的形容词或数词在后,如"花白色""雄蕊5"等。

(5)所有种类均应在检索表中可查出。

检索表举例:

豆科野百合属(湖北5种)分种检索表

1. 叶为单叶
   2. 花冠伸出花萼外,花大,长15 mm以上……1.大猪屎豆 *Crotalaria assamica*
   2. 花冠包被花萼内,或稍外露,但花冠长不超过14 mm。
     3. 托叶明显,披针形,长2~5 mm,常外折……2.假地蓝 *C. ferruginea*
     3. 托叶不明显,极细小,刚毛状或不存在。
       4. 萼被棕黄色长毛,花萼紫色或淡蓝色……3.野百合 *C. sessiliflora*
       4. 萼被短柔毛,花瓣黄色………4.响铃豆 *C. albida*
1. 叶为复叶,有3小叶………5.猪屎豆 *C. pallida*

校园植物检索表分类如下。

1. 平行式检索表

观察艾、枇杷、金荞麦、栀子、南天竹等五种校园植物的特征,并制作检索表,其各自特征如下。

艾(见图10-1),多年生草本,略呈半灌木状,植株有浓烈香气。单叶互生,厚纸质,上面有灰白色短柔毛,背面有很密的灰白色蛛丝状密绒毛。

枇杷(见图10-2),常绿乔木,小枝粗壮,棕黄色,密生灰棕色绒毛。叶革质,呈披针形、倒披针形、倒卵形或椭圆至长圆形。果实球形或长圆形,直径2~5 cm,外有锈色柔毛,不久脱落;种子1~5个。

金荞麦(见图10-3),多年生草本,茎直立,无毛。叶三角形,顶端渐尖,基部近戟形。花序伞房状,顶生或腋生,花白色,花被片长椭圆形。

栀子(见图10-4),灌木,枝圆柱形,灰色。叶对生,少为3叶轮生,革质,稀为纸质。叶形多样,通常为长圆状披针形、倒卵形,顶端渐尖,两面无毛,上面亮绿,下面较暗。花

（a）　　　　　　　　　　　　　　（b）

图 10-1　艾

（a）　　　　　　　　　　　　　　（b）

图 10-2　枇杷

图 10-3　金荞麦

芳香,通常单朵生于枝顶。果卵形、近球形、椭圆形或长圆形,黄色或橙红色,有翅状纵棱5~9条,顶部有宿存萼片。

图 10-4　栀子

南天竹(见图 10-5),常绿小灌木,茎常丛生,光滑无毛。幼枝常为红色,老后呈灰色。叶互生,集生于茎的上部,三回羽状复叶,长 30~50 cm;二至三回羽片对生;小叶薄,革质,椭圆形或披针形,顶端渐尖。圆锥花序直立;花小,白色,具芳香;浆果球形,熟时鲜红色,稀橙红色,直径 5~8 mm。

图 10-5　南天竹

检索表如下：

2. 定距式检索表

观察海桐、忍冬、龙柏、木犀、银杏五种校园植物的特征，并制作检索表，其各自特征如下。

海桐（见图 10-6），常绿灌木或小乔木。叶聚生于顶部，革质，倒卵形或倒卵状披针形。蒴果圆球形，有棱或呈三角形。

图 10-6　海桐

忍冬，（见图 10-7），半常绿藤木，幼枝红褐色，密披黄褐色硬直糙毛或短柔毛。叶纸质，多为卵形，顶端渐尖，花冠白色或金黄色。

龙柏（见图 10-8），树冠圆柱状或柱状塔形，枝条向上直展；小枝密，在枝端密簇。鳞叶排列紧密，呈淡绿色。

木犀（见图 10-9），常绿乔木或灌木，小枝黄褐色，无毛。叶片革质，椭圆形、长椭圆形或椭圆状披针形，先端渐尖，基部渐狭，呈楔形或宽楔形，全缘或通常上半部具细锯齿，两面无毛，聚伞花序簇生于叶腋，或近于帚状，每腋内有花多朵。

银杏（见图 10-10），乔木，叶扇形，有长柄，淡绿色，无毛，有多数叉状并列细脉，顶端

图 10-7　忍冬

图 10-8　龙柏

图 10-9　木犀

宽 5～8 cm,在短枝上常具波状缺刻,在长枝上常 2 裂,基部宽楔形,柄长 3～10(多为 5～8) cm,幼树及萌生枝上的叶常较大而深裂。

图 10-10 银杏

检索表如下:

1.被子植物

  2.叶对生

    3.叶纸质,密被黄褐色硬直糙毛,全缘………1.忍冬 *Lonicera japonica*

    3.叶片革质,边缘常具细锯齿……………… 2.木犀 *Osmanthus fragrans*

  2.叶簇生,革质………………………………3.海桐 *Pittosporum tobira*

1.裸子植物

    4.小枝密集呈长条形,鳞叶排列紧密……4.龙柏 *Juniperus chinensis* ‘*Kaizuca*’

    4.叶扇形,有长柄,纸质……………………… 5.银杏 *Ginkgo biloba*

五、检索表的使用

(1)熟练掌握植物形态结构专业术语含义(植物形态学基础知识)。

(2)从检索表的第一项开始检索:同一编号有性状完全对立的两条,待检植物符合哪一条,就在该条下继续检索,直到检出结果。

(3)如待检标本不完整(如仅有茎叶、无花果),在无法确定符合相互对立的哪一条时,可假设符合任一条试着检索。

(4)检索到科、属或种后,还需与该科、属、种的具体形态特征描述逐句核对,相符时方可肯定其检索结果。

(5)植物鉴定还需结合地理分布、生境、海拔高度等因素。

六、作业

利用所观察到的植物编制检索表。（80分）

七、思考题

《中国植物志》采用的是哪种检索表？（20分）

八、知识点

1. 生物检索表

生物检索表是以区分生物为目的，采用二歧分类检索的方法所制成的表。生物检索表是生物学研究中帮助鉴定动、植物的专业工具书和手段，用于对未知分类地位的细菌、植物、动物等生物进行科学分类和鉴别。检索表一般不提供直观的图片，也不对不同类群的生物进行完整的特征描述，用于二歧分类的文字描述常涉及大量专业术语，因而使用检索表需要一定专业背景并接受专门的训练，否则很难通过检索表获得正确的结果。但是由于检索表以稳定而显著的特征进行分类，故而使用检索表鉴定生物物种一般能够得到比较准确的结果。目前，检索表是《动物志》《植物志》等书必不可少的一部分。

生物检索表的雏形最早可以追溯到希腊时代的草药学专著，在一些专著里面，编者试图依照二歧分类法将草药归类，这在形式上与今日的生物检索表非常相似，但是由于这种归类并非基于科学分类法，因而本质上并不同于现在的生物检索表。

法国生物学家拉马克被认为是最早提出现代生物检索表思想的学者，他主张按照生物的特征对其进行二歧分类，这就是生物检索表赖以成立的二歧分类原则。所有生物检索表均以二歧分类的方式对生物进行分类，在具体编制和排版上有三种不同的结构：定距式检索表、平行式检索表和连续平行式检索表。

2.《中国植物志》介绍

《中国植物志》是目前世界上最大型、种类最丰富的一部巨著，全书80卷，126册，5000多万字，记载了我国301科3408属31142种植物的科学名称、形态特征、生态环境、地理分布、经济用途和物候期等。《中国植物志》的全部正式出版，不仅摸清了我国的植物资源，还可以为我国的经济和社会发展服务。自1989年开始，中国科学院与美国密苏里植物园合作编写英文版《中国植物志》。这是《中国植物志》走向国际的里程碑，也反映了世界对《中国植物志》的关注与重视。输入网址 www.iplant.cn 进入检索，或者直接在搜索引擎中输入"中国植物志"，选择"FRPS《中国植物志》全文电子版 iPlant"即可进入。

3. 常用的花草识别 App 介绍

（1）识花君。识花君是一款可以根据用户拍摄的图片,快速进行识别并鉴定的软件。其功能多样,包括拍照识花、动物识别、地标识别、汽车识别、红酒识别及万物百科等。

（2）花伴侣。花伴侣是一款拍照识花利器,花草树木,一拍呈名。只需要拍摄植物的花、果、叶等特征部位,即可快速识别植物。花伴侣可识别上万种植物,几乎覆盖所有常见花草树木。

（3）形色。形色是一款很好用的花草识别软件。它与众不同的是,在识别出花草的名称之后会自动导出它相关故事,方便人们认识和记忆;还可以一键生成植物有关的诗词及美图;还有园艺专家每周发文指导如何养护花草等。因此,它受到许多植物爱好者的青睐。

（4）菌窝子。菌窝子是一款以大型真菌为对象建立的集知识、交流、服务于一体的软件。用户可通过简单的辨别方式,在种类繁多、形态各异的蘑菇中实现快速查询和识别;通过知识介绍、信息交流等专栏社区,提供各类食用安全、营养健康等食用知识和信息。

（何姗姗、任永申）

实验十一

校园大型真菌分类鉴定

我们常说的"菌类""菇类""菇菌""蘑菇"等都不是分类学名称,而是指可以形成大型子实体的真菌,通常称之为"大型真菌"。所谓"大型"也是一个相对的概念,小者只有 0.1～7.5 mm,大者可达 2 m 以上或更大。这些大型真菌按其经济价值和用途,常被称为食用菌(edible fungi)、药用菌(medicinal fungi)、毒蘑菇(poisnous fungi)等,如在有关食用菌、药用菌、毒蘑菇的专著中,都同时收入了毛头鬼伞。把毛头鬼伞简单地称为食用菌、药用菌或者是毒蘑菇都是不完全甚至被误导的。因此,我们按照它们的自然属性和我国固有的文化传统,统一称其为"菌"或"菌类",以对应于英语中的"mushroom"(蘑菇)。

一、标本的收集与保藏

1. 标本的收集

大型真菌的鉴别,首先要有典型的实物及标本。实物及标本的取得方法主要靠自我采集。

对于收集到的实物要完整、典型,还要有关于发生地点、生长基质、形态、大小、颜色等的记载与描述。对采集地点的气候、土壤,最好能现场拍照或绘图。一般至少应拍摄正面、背面和侧面三个角度的照片。还要访问当地群众,该菌的地方名、食用价值等。具体项目可参见《大型真菌标本采集记录表》。红顶环柄菇正面、侧面和背面三个角度的照片如图 11-1 所示。

（a）正面　　　　　　　　　　（b）侧面　　　　　　　　　（c）背面

图 11-1　红顶环柄菇正面、侧面和背面三个角度的照片

一种菌类要编一个标本号，每种标本可以填一张预先设计好项目的采集记录表，现场打"√"。

2. 菌类标本的保藏

将收集到的实物经晒干或烘干后即为标本。同一种类要不少于 3～5 个标本，标本连同采集记录，标本编号要用干净卫生纸包好或装入专用纸袋内，带回室内，进一步登记、取孢子印等。带回的标本要进一步干燥，检查采集记录是否完善，进一步补充记载，并装入专用标本盒（柜）中，进行防潮、防虫蛀、防霉变处理。

▌▌二、标本的鉴定

对上述收集到的标本，要及时组织专门人员，利用一定的实验条件，如放大镜、显微镜等及相应的工具，认真、仔细地根据每一个标本的形态、结构、生物学特征、出现的生境，孢子印颜色，孢子形态、大小等，以及从分子学层面对其进行鉴定，给每个标本一个确定的名称及拉丁语学名。

孢子印是指菇菌孢子散落而沉积的菌褶或菌管的着生模式，孢子印及其颜色是伞菌分类依据之一。其制作方法是将新鲜的子实体用刀片齐菌褶把菌柄切断，然后把菌盖扣在白纸上（有色孢子）或黑纸上（白色孢子），也可把一半白纸和一半黑纸拼粘成一张纸而将菌盖扣于上面，再用玻璃罩扣上。经过 2～4 小时，担孢子就散落在纸上，从而得到了一张与菌褶或菌管排列方式相同的孢子印。裸盖伞及其孢子印和晶粒小鬼伞及其孢子印如图 11-2 所示。

分子学层面一般利用内转录间隔区（internal transcribed spacer，ITS）序列鉴定真菌，ITS 鉴定是指对 ITS 序列进行 DNA 测序，通过将测序得到的 ITS 序列与已知真菌 ITS 序列比较，从而获得未知真菌种属信息的一种方法。真菌核糖体基因由小的亚单元

（a）裸盖伞　　　　　　（b）裸盖伞孢子印　　　　（c）晶粒小鬼伞及其孢子印

图 11-2　裸盖伞及其孢子印和晶粒小鬼伞及其孢子印

（18S）、ITS1、5.8S 区、ITS2 区和大的亚单元（28S）构成，头尾串联形成重复序列。ITS1 和 ITS2 常被称为 ITS，在进化过程中是中度保守区域，其保守性基本上表现为种内相对一致，种间差异比较明显，非常适合真菌鉴定以及系统发育分析。

鉴定步骤如下。

（1）提取微生物样品 DNA。

（2）扩增出真菌 ITS 区序列。

（3）DNA 测序，将样品序列与 GenBank 中已知序列进行比对。

（4）判定微生物种类，可将微生物划分到属或种。

（5）与同源性较高菌种构建系统发育树。

对于不常见种类或新种的鉴定还要做许多专项实验研究，查阅更多的专门文献资料，研究的结果在国内外有关部门或专家认真研究后确定。并将以上研究的最终结果整理成专题论文，发表在相应的学术刊物上，以获得学术界的认可与周知。

大型真菌标本采集记录表如表 11-1 所示。

表 11-1　大型真菌标本采集记录表

编号：　　　　　年　月　日　　　　图　　　照片（编号）

<table>
<tr><td rowspan="2">菌名</td><td>地方名</td><td colspan="3">中文名</td></tr>
<tr><td colspan="4">学名</td></tr>
<tr><td>产地</td><td colspan="2"></td><td colspan="2">海拔　　　　　　　　　m</td></tr>
<tr><td>生境</td><td colspan="2">针叶林、阔叶林、混交林、灌丛、草地、草原</td><td colspan="2">基物：地上、腐木、立木、粪土</td></tr>
<tr><td>生态</td><td colspan="4">单生　　散生　　群生　　丛生　　簇生　　叠生</td></tr>
<tr><td rowspan="3">菌盖</td><td colspan="2">直径　　　　　cm</td><td>颜色：　边缘　　中间</td><td>粘　　不粘</td></tr>
<tr><td colspan="3">形状：钟形、斗笠形、半球形、漏斗形、平展</td><td>边缘：有条纹、无条纹</td></tr>
<tr><td colspan="4">块鳞、角鳞、丛毛鳞片、纤毛、疣、粉末、丝光、蜡质、龟裂</td></tr>
<tr><td>菌肉</td><td colspan="4">颜色　　味道　　气味　　伤变色　　　汗液变色</td></tr>
</table>

续表

菌褶	宽　　　mm	颜色	密度：　　　中、稀、密	离生
	等长　　　不等长　　　分叉			弯生
菌管	管口大小：　　　mm　　　管口圆形、角形			
	管面颜色：　　　　　　管里颜色：			直生
	易分离、不易分离　　　放射、非放射			延生
菌环	膜状、丝膜状　　　颜色：　　　条纹：　　　脱落、不脱落、上下活动			
菌柄	长：　　　cm，粗：　　　cm　　　颜色：		基部假根状、圆头状、杵状	
	鳞片、腺点、丝光、肉质、纤维质、脆骨质、实心、空心			
菌托	颜色：　　　　　苞状　　　杯状　　　浅根状			
	数圈颗粒组成　　　　环带组成　　　消失　　　不易消失			
孢子印	白色　　　粉红色　　　锈色　　　褐色　　　青褐色　　　紫褐色　　　黑色			
附记	食、毒、药用、产量情况			
备注				

■■ 三、常见大型真菌在真菌分类系统中的地位

对收集与保藏的菌类标本，在正式入藏前，必须经过初步鉴定。可根据其外观形态、色泽、孢子印及采集记录等资料，参照有关分类学著作，确定其名称及在分类学上所属的界、门、纲、目、科、属、种。应将鉴定的结果写在标本标签上。标签应注明采集人、采集地点、采集时间、鉴定的学名和地方名、鉴定人等，随标本一同入藏。同时，编制物种数据库，开展生物多样性信息和种质资源交流。

表 11-2 所示为我国常见菌类在真菌分类系统中的地位简表。

表 11-2　我国常见菌类在真菌分类系统中的地位简表

菌体简易特征	分　　类	主要代表种
1.子囊菌亚门		
2.子囊果生于地下	块菌目地菇科地菇属	瘤孢地菇
3.菌盖圆锥形，表面满凹穴	盘菌目羊肚菌科羊肚菌属	尖顶羊肚菌
3.菌盖马鞍形	盘菌目马鞍菌科马鞍菌属	皱马鞍菌
3.菌盖钟形	盘菌目羊肚菌科钟菌属	波地钟菌
3.子囊果盘状	盘菌目盘菌科盘菌属	森林盘菌

续表

菌体简易特征	分　类	主要代表种
2.子座棍棒形,直立	肉座菌目麦角菌科虫草属	冬虫夏草菌
1.担子菌亚门		
2.担子果胶质,担子有隔	木耳目木耳科木耳属 银耳目银耳科银耳属 花耳目花耳科花耳属桂花耳属	木耳 银耳 黄花耳、桂花耳
2.担子果花球状	非褶菌目绣球菌科绣球菌属	绣球菌
2.担子果树枝状,珊瑚状或柱状	非褶菌目珊瑚菌科	黄枝瑚菌、灰色锁瑚菌、杯冠瑚菌
2.担子果舌状,子实层管状	非褶菌目牛排菌科	牛舌菌
2.担子果头状、齿状,子实层长在肉刺上	非褶菌目齿菌科	猴头菌、翘鳞肉齿菌
2.担子果号角状,漏斗状,子实层平滑或长在分支的皱褶上	伞菌目鸡油菌科	鸡油菌、灰号角
2.担子果伞形 3.子实层管状 4.担子果肉质	伞菌目牛肝菌科	松塔牛肝菌、美味牛肝菌
4.担子果非肉质	非褶菌目多孔菌科	漏斗棱孔菌
3.子实层刀片状,菌褶呈辐射状排列	伞菌目桩菇科	黑毛桩菇、潞西褶孔菌
	蜡伞科	红紫蜡伞
	铆钉菇科	铆钉菇
	红菇科	松乳菇、变绿红菇
	口蘑科	香菇、亚侧耳、糙皮侧耳、烟云杯伞、蜜环菌、安络小皮伞、毛柄金钱菌、口蘑、紫晶香蘑
	粉褶菌科	角孢粉褶菌、丛生斜盖伞
	鹅膏科	橙盖鹅膏
	光柄菇科	草菇、灰光柄菇
	环柄菇科	红顶环柄菇
	蘑菇科	双孢蘑菇
	球盖菇科	半球盖菇、光帽鳞伞
	丝膜菌科	蓝丝膜菌
	鬼伞科	毛头鬼伞

续表

菌体简易特征	分　　类	主要代表种
2.担子果笔状,"笔头"有黏而臭的产孢体,"笔"下部有脚苞	鬼笔目鬼笔科	长裙竹荪、白鬼笔
2.担子果球包状,成熟后呈粉末状	马勃目马勃科 硬皮马勃目栓皮马勃科	大秃马勃 栓皮马勃

■‖ [参考文献]

罗信昌,陈士瑜.中国菇业大典[M].北京:清华大学出版社,2010.

（李小军）

实验十二

野外采药

▓▌ 一、目的要求

（1）采集、鉴定药用植物 200 种以上。

（2）熟练掌握腊叶标本制作的步骤和方法。

（3）掌握利用植物志鉴定植物的基本方法。

（4）准确识别 150 种植物，掌握科名、属名、种名和药用价值。

（5）了解野外实习的准备事项。

▓▌ 二、野外实习前的准备工作

（一）所需的工具和用品

（1）手套：可以防止手被尖锐的植物划伤。

（2）铁铲：用于挖掘植物地下部分。

（3）镐头：用于挖掘植物地下部分。

（4）标本夹：用于压制标本，如图 12-1 所示。

（5）吸水纸：用于吸走植物原有部分水分，以保存植物。

（6）采集箱：用于放置新鲜的植物。

（7）野外实习记录本：用于记录原始采集时的植物名称和标号。

（8）放大镜：用于放大植物的细节部分。

（9）枝剪：用以剪下植物的枝条。

（10）号牌：用于绑在植物上标号，配合记录本使用。

（11）参考书：用于查阅检索表等。

（12）需准备一些干粮、药品、登山的服装等。

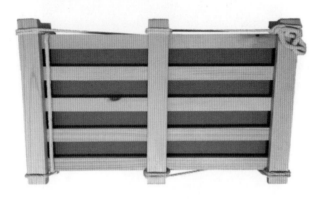

图 12-1　标本夹

（二）野外实习的户外注意事项

1. 野外防晒防蚊准备

野外实习进行的时间多为夏季，夏日炎热，可能出现中暑的情况。在出发前，应该自备充足的水，衣服不能穿得过于厚重，穿方便运动的长袖长裤即可，在暴露的皮肤上涂上防晒霜，防止皮肤被晒伤。如果有同学中暑，小组应该防晒并进行治疗，老师应安抚同学们紧张的情绪，鼓舞士气。

野外实习的地点多为山区，山内气候湿润，蚊子颇多，毒性也很强，在上山之前一定要穿长袖长裤扎紧袖口，并在外露的皮肤上喷花露水等防蚊喷雾，尤其是脖子、脚踝等血液流通快、易被蚊虫叮咬的地方。我们还应注意勤换衣服，勤洗澡，祛除身上分泌物的味道，减少被蚊虫叮咬的可能。若不慎被蚊虫叮咬，可以在路边采集一些艾叶、青蒿等，揉搓其汁液涂抹在被叮咬的部位来缓解疼痛。

2. 野外安全问题的防范和应对措施

实习地点可能由于自然环境产生不可预见的安全问题，如天气的变化、实习地点的地形、具有毒性的植株等。在开展实习任务之前，老师应开展安全知识讲座，讲解野外实习的安全问题和应对措施，还应向学生发送关于安全知识的 PPT，让学生掌握自救的本领，提高自我安全意识，了解安全事故应急处理的方法和措施。

为了确保有充足的体力，不能连续步行登山，量力而行，注意保留一定量的休息时间，确定好采集路线，在采集前一周去实地考察，保证路线的地形既符合采集要求，又有安全保障,确保往返的路程不超过 15 km,上山时的速度不能过快,一是防止山体湿滑造成踩踏,二是保证一定的体力。

我们拍摄的一张实习途中的照片如图 12-2 所示。

图 12-2　实习途中

老师要随时观察队伍的情况,确保没有掉队的学生,防止学生失踪,严禁学生独自行动,同学们要跟好带队的老师,做好笔记,不要碰带有毒性的植物,不要随意采食野果,山上如果有蛇、虫,可以用枝条来打草惊蛇,确保安全后,再继续前行。

三、野外实习内容

(一)标本的采集及注意事项

(1)大小尺寸:所采集的标本大小建议在 30 cm×40 cm 左右,如果植株本身就小,则采全株;如果植株长而纤弱,则采全株,但要折成 V 形;如果植株粗大,则采其中有代表性的几段。

(2)修剪:采集植物标本时要将植物上大多数能够证明其身份的部位采集到,如花、果、枝、叶,将植株采集完成后需要进行适当的修剪,去掉多余的枝叶,避免彼此之间重叠得太厚而导致压不平,但需要保留一部分分枝和叶柄。

(3)保护好所采集的植株,把采集到的标本放到采集箱里,如果植株较柔软,则应垫上草纸,并压在标本夹里以免损坏,过于高大的植物也可分为上、中、下三段采集,使其分别带有根、叶、花(果实),而后合为一标本。选择面积较小,能反映更完整特征的部分,即选择植物体中具有代表性特征的部分,一般情况下,除采枝叶外,还建议采花或果实,如果有用的部分是根或地下茎或茎皮,也必须同时选取少许压制。压制标本如图 12-3 所示。

（a）　　　　　　　　　　　（b）

图 12-3　压制标本

（4）绑号码牌:在剪切植物标本后要立即在植株上绑上号码牌,并按采集顺序标号,在记录本上简要记录标本的名称及采集日期、地点等信息。在绑号码牌时,用铅笔在号码牌上标号,并将号码牌在植株的枝条部分绑紧,防止其脱落而遗失原始记录数据。

（二）标本的运输保存

在返回的途中,路程遥远,且多为炎热的夏季,想要让植株不坏掉或不枯萎,必须用几层吸水纸和标本夹夹住植株,如果路程在 1 小时之内,则可将标本放在编织袋中,这样不会脱水,以便返回驻地后进行压制。压制的标本在通风处晾干,并每天换一次吸水纸,使标本保色。将一些坏的、萎的植株丢掉,重新采集新鲜的植株。

（三）腊叶标本的制作及鉴定

（1）整理标本:将干制的标本整理好。

（2）上台纸:将标本平铺在台纸上,调整叶子使其排布均匀,能同时看到同一标本正面与反面的形态。

（3）固定:用针线固定标本,在枝条上缝制 4～5 处,固定枝条,叶子用胶水粘在纸上。

（4）贴标签:在右下角贴上标签。标签内容:中文名、俗名、学名、科名、产地、采期、采集者、鉴定者及附注。可以参考中国植物志官网(http://www.iplant.cn)。

标本制作如图 12-4 所示。

图 12-4　标本制作

四、线上教学

自 2020 年初,新型冠状病毒肺炎疫情席卷全国,这场疫情不仅带来了全球政治、经济等方面的影响,还触发了教育方式的巨大变动。由于疫情的影响,野外实习任务仅靠线上无法正常进行,为了减少疫情对我们的影响并满足教学的需要,可采取"线上＋线下"的方式完成野外实习任务。开展线上野外实习,对于每个人来说,都是一项不小的任务,学生的实习地点改为居住地,教师负责线上远程指导和教学。由于"线上＋线下"的教学方式与以前不同,实习的内容也将有一些小变化,教师首先对线上任务进行计划和安排,因为学生所在地点不同,易造成教学效果的不同,教师还应该加强对实习方案的调整,在此基础上,老师会和学生交流当地的情况,介绍实习的内容及其要求,并强调安全问题后,正式开展实习任务。"线上＋线下"的实习活动内容包括以下几个内容:教师线上授课,学生线下野外考察,教师线上鉴定,学生汇报交流。教师负责和每个同学交流了解其所在地的情况,如是否有电脑网络、所在地附近是否安全、气候特点等问题,其后教师安排学生在特定时间段完成采集并拍照记录所在地五十种植物的任务,再以师生互动的方式鉴定所有同学采摘的植物,教会学生检索物种,认识植物的特征,了解植物生活环境的特点,巩固并加深课堂中的理论知识等,利用书籍、网络等鉴定物种。在开展实习期间,可以采用 QQ 群聊、腾讯会议、钉钉等交流软件及时答疑解惑,开展互动教学,实现教师和学生面对面教学的目的,每次授课结束后,学生要线上提交每日采集到的植物和植物的标签(标签可以自己制作,标签内容见上)。实习内容完成后,学生要写一份实习报告,在线上进行汇报展示。教师在线上批改学生的报告,及时指出问题。学生互相交流讨论,教师负责答疑解惑,进一步掌握学生的情况,达到培养学生掌握植物鉴定的基本操作的目的,实现培养学生野外实习、独立思考的目标。

■▎五、实习报告模板

××××大学

药用植物学野外实习报告

实习地点:＿＿＿＿＿＿＿＿＿＿＿＿＿＿＿＿＿＿＿＿＿＿＿＿＿

实习时间:＿＿＿＿＿＿＿＿＿＿＿＿＿＿＿＿＿＿＿＿＿＿＿＿＿

年级专业:＿＿＿＿＿＿＿＿＿＿＿＿＿＿＿＿＿＿＿＿＿＿＿＿＿

学生姓名:＿＿＿＿＿＿＿＿＿＿＿＿＿＿＿＿＿＿＿＿＿＿＿＿＿

学　　号:＿＿＿＿＿＿＿＿＿＿＿＿＿＿＿＿＿＿＿＿＿＿＿＿＿

指导教师:＿＿＿＿＿＿＿＿＿＿＿　　实习报告评分:＿＿＿＿＿＿＿＿＿＿＿＿

一、实习目的

二、实习地点概况（气候、物种、地形地貌、土壤等）

三、实习内容概述

四、实习报告

（提纲：罗列采集植物的种类（科名、种名、主要化学成分、药效），附上至少三种植物照片；实习心得（3000字左右，手写，可加页）。

五、标本展示

（示例）

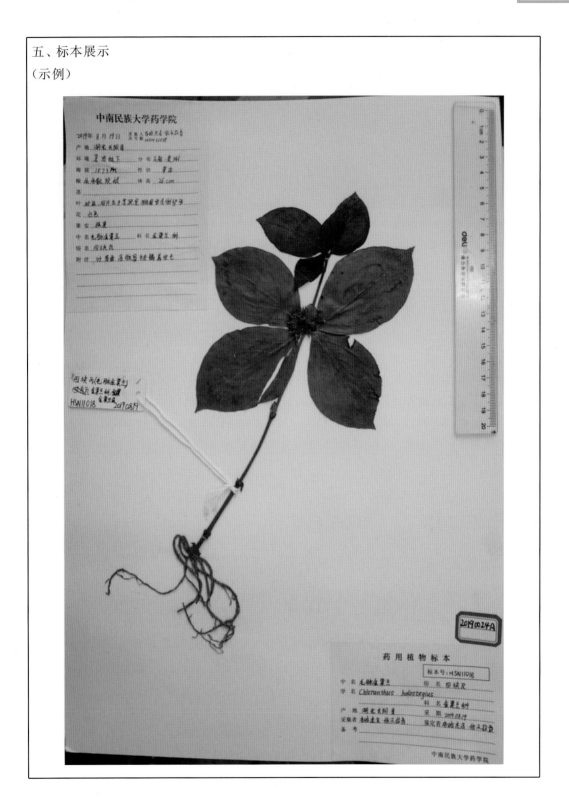

（黎姚秀）

常用的植物制片方法

制作常用的植物永久制片是学习"药用植物学"实验课程的一个重要组成部分，在有关药用植物的培育和鉴别等多方面的研究和教学工作中，都需要应用显微制片技术。根据各种植物器官的性质差异以及研究目的不同，需要采用不同的制片方法，但限于学时及篇幅，现仅介绍常用的徒手切片制片法、粉末制片法和表面制片法。

一、徒手切片制片法

1. 取材

对于根类，一般取主根中部，长 2～3 cm，直径 1～1.5 cm，较粗的根或根茎可用分割法，用刀割取所需部分；对于叶类及鳞茎和完整的鳞叶，一般取主脉中部带有少量两侧叶肉的部分；对于花类，一般取各部分分别制片；对于果实种子类，较小型的取完整者，大型的可用分割法取所需部位。

所取样品均需有代表性，应无畸形、虫蛀、霉变或其他污染等。

2. 软化

选好样品后，新鲜或软硬适中者可直接切片，干燥材料应经软化处理后再进行切片，常用的软化方法有以下几种。

（1）冷水或温水浸泡：适用于一般样品。

（2）低浓度乙醇（30%～50%）浸泡：适用于含黏液质和菊糖等水溶性物质的

样品。

（3）水煮法：适用于木材等坚硬的样品。方法是将干燥样品投入冷水中煮沸至沉入水底，即表示细胞内空气已被除尽，取出样品，放入甘油-乙醇（1：1）的软化液中软化，至软硬适中。

（4）水蒸气软化法：适合做显微化学用的样品。

方法：把样品放在干燥器隔板上，再放入适量的含 5％苯酚的水，旋紧干燥器，一般经12～24 h，即可吸湿软化；或在干燥器中放温水（不超过隔板），隔板上铺湿纱布一层，放上干燥样品，加盖密封，45 ℃恒温，至样品软硬适中。

3. 徒手切片

常规法：若右手徒手切片，则以左手拇指和食指夹持软化好的样品材料，用中指顶着，使材料略突出食指和拇指，左手肘关节靠桌沿，以免切片时晃动，右手执刀片，与材料的切面保持平行（刀片或材料用蒸馏水或润湿剂润滑，更便于切），刀口向内（对着材料），向自身方向水平拉切，一次切下，所得薄片为 10～20 μm。材料和刀刃润湿，反复切削，将切削的薄片用毛笔蘸水（或经选择的润湿剂，如稀甘油等）轻轻顺刀口方向拂下，放入盛有润湿剂的培养皿中，再选择薄而完整的切片标本，用稀甘油等封藏观察，必要时还应用水合氯醛试液透化，再用稀甘油封片观察。

对较小的材料或叶片，可用小通草、胡萝卜及质厚的叶片等做夹持材料，即将小通草等夹持材料纵剖一条缝，把材料放在夹上，注意材料要放正，使切削时与刀片成一平行面，切削时连同小通草等夹持材料一起切下，放入盛有润湿剂的培养皿中，选择时除去夹持材料，制片即可。

4. 制片

选取透明、完整的切片（厚 10～20 μm），根据不同鉴别目的选用适宜的试剂装片。一般可用蒸馏水等直接装片法，也可用水合氯醛加热透化装片法，前文均已做介绍。徒手切片经水合氯醛透化（冷浸）后，脱水染色，也能做成永久制片。

▌ 二、粉末制片法

1. 粉末的制备

选取鉴定准确、具有代表性的药材，用小木锉锉下少许粉末或用粉碎机粉碎后过筛。

2. 粉末制片法

粉末制片法有三种不同的装片，即水装片、稀甘油或甘油醋酸装片、水合氯醛试液装片（有时还需水合氯醛冷装片）。用牙签挑取少许药材粉末，放置玻片中央稍偏一侧的位置,根据需要加适当试剂 1～2 滴,用解剖针轻轻搅匀,小心加盖片即可。水合氯醛加热透化的标本片一般应加热 2～3 次,注意事项与徒手切片制片法相同。在制片过程中,应摸索粉末和试剂的适宜用量,又快又好地做出合格的粉末临时标本片。粉末药材也可用甘油明胶做成半永久片,经脱水染色透明后做成永久制片。

▓▎ 三、表面制片法

本法适用于叶片、萼片、花瓣、雄蕊和雌蕊等。另外,浆果、草质茎和某些地下茎的表皮也可制成表面装片。

1. 整体封藏法

适用于很薄的叶片、萼片和花瓣等样品,可剪取所需部位 2 小片,约 4 mm²,一反一正放在玻片上,用水合氯醛试液加热透化完全,盖上盖玻片即可。也可放试管中加水合氯醛试液加热至样品透明,再取样装片。对于孢子、花粉粒、雄蕊或雌蕊等,可直接装片。

2. 表面撕离法

对于较厚的叶片、萼片、花瓣、浆果、茎等,可用镊子将软化好的材料表皮轻轻撕下,将表皮正面朝上置于载玻片中央,加水合氯醛透化至透明,盖上盖玻片即可。

（王静）

常见的植物染色方法

制作植物切片时,可以加入染色剂对植物进行染色,以便更清楚地观察植物的结构。以下介绍几种常用的植物染色方法。

▓▓ 一、番红-固绿染色法

番红-固绿植物组织染色液主要由番红染色液和固绿染色液组成,番红使细胞核、木质化细胞壁呈鲜红色,角质化细胞壁呈透明粉红色,木栓化壁呈红褐色;固绿使细胞质和含有纤维素的细胞壁呈蓝绿色,如图3-4、图6-2等所示。番红-固绿染色的分化很关键,分化过度易导致切片不着色,分化不足易导致切片着色过深。

番红-固绿染色法一般用于有木质化的植物组织。

1. 使用方法

(1)标本的处理:固定,制成石蜡切片。

(2)粘片:将切片粘在玻璃片上,加热展开,所用载玻片必须清洁。先把粘贴剂置于载玻片上,再取切片,浮置胶液上,然后置烘片台上,使切片烫平,以材料不出现皱痕为宜。30~40 ℃温箱约1 h,采用的粘贴剂有明胶、梅氏蛋白、Land液等。

(3)脱蜡:二甲苯→50%二甲苯+50%乙醇→100%乙醇→95%乙醇→85%乙醇→70%乙醇→50%乙醇→30%乙醇→水。以上各级需要5~10 min。

(4)入番红O染色液染色1~12 h。

（5）酸性乙醇分化液分化 15 s。

（6）脱色:35％乙醇→50％乙醇→70％乙醇→80％乙醇。以上各级需要 1~5 min。

（7）水洗 1 min。

（8）在固绿染色液内浸染 10~40 s,蒸馏水水洗 1 min。

（9）无水乙醇脱水 3~5 min,无水乙醇脱水 5 min,50％二甲苯＋50％乙醇透明 5 min,二甲苯透明 5 min。

（10）树脂封固,及时镜检。

2. 注意事项

（1）番红染色后,在 50％乙醇中脱色需经实践,如果脱色不够,会导致绿色不好染;如果脱色过度,会导致红色过淡,甚至全部绿色。

（2）固绿是一种着色极快的染料,固绿染色时间不宜过长,否则会褪去番红的颜色。

（3）染色时间不是绝对的,常因材料种类、切片厚度不同而不同。

（4）操作时,请穿实验服并戴一次性手套。

二、Delafield 苏木素-番红染色法

Delafield 苏木素-番红植物组织染色液主要由 Delafield 苏木素、番红染色液等组成,Delafield 苏木素是非木质化组织的良好染色剂,可与番红对染,对多种植物病害组织染色能够取得良好的效果,一般用于检查植物细胞中是否染菌。寄主木质化组织染成红色,菌丝等染成蓝色。

1. 操作步骤

（1）标本的处理:固定,制成石蜡切片。

（2）粘片:将切片粘在载玻片上,加热展开,所用载玻片必须清洁。先把粘贴剂置于载玻片上,再取切片,浮置胶液上,然后置烘片台上,使切片烫平,以材料不出现皱纹为度。

（3）脱蜡:二甲苯→50％二甲苯＋50％乙醇→100 ％乙醇→95％乙醇→85％乙醇→70％乙醇→50％乙醇→30％乙醇→水。以上各级需要 5~10 min。

（4）在 Delafield 苏木素染色液内浸染 30 min。

（5）水洗 1 min。

（6）酸性分化液分色,自来水冲洗。

（7）入 30％乙醇 1 min,再入 50％乙醇 1 min。

（8）在番红染色液染色 1~6 h,对于特殊组织可延长至 12 h。

（9）脱色:50％乙醇→70％乙醇→80％乙醇→90％乙醇→95％乙醇。以上各级需要 1~2 min。

（10）50％二甲苯＋50％乙醇透明 2 min，先二甲苯透明 2 min，再二甲苯透明 10 min。

（11）树脂封固，及时镜检。

2. 注意事项

（1）番红染色后，在 50％乙醇中脱色需经实践，如果脱色不够，会导致绿色不好染；如果脱色过度，会导致红色过淡。

（2）染色时间不是固定的，常因材料种类、切片厚度不同而不同。

（3）操作时，请穿实验服并戴一次性手套。

三、硫堇-橘红 G 植物组织染色法

硫堇-橘红 G 植物组织染色法是一种组织内生菌染色法。硫堇-橘红 G 植物组织染色液主要由硫堇染色液、橘红 G 染色液组成，木质化组织被染成蓝色，纤维细胞被染成黄绿色，菌类被染成蓝色，可以用于集壶菌属、柄锈菌属等真菌的染色。

硫堇-橘红 G 植物组织染色法一般用于检查植物细胞中是否染菌。

1. 操作方法

（1）标本的处理：固定，制成石蜡切片。

（2）粘片：将切片粘在载玻片上，加热展开，所用载玻片必须清洁。先把粘贴剂置于载玻片上，再取切片，浮置胶液上，然后置烘片台上，使切片烫平，以材料不出现皱纹为度。

（3）脱蜡：二甲苯→50％二甲苯＋50％乙醇→100％乙醇→95％乙醇→85％乙醇→70％乙醇→50％乙醇→30％乙醇→水。以上各级需要 5～10 min。

（4）入硫堇染色液，浸染 1 h。水洗多余染色液。

（5）脱色：30％乙醇→40％乙醇→无水乙醇。以上各级需要 1～5 min。

（6）入橘红 G 染色液，浸染 1～3 min。

（7）无水乙醇脱水 3～5 min，50％二甲苯＋50％乙醇透明 5 min，先二甲苯 3 min，再二甲苯 10～15 min。

（8）树脂封固，及时镜检。

2. 注意事项

（1）橘红 G 染色液可回收利用。

（2）染色时间不是固定的，常因材料种类、切片厚度不同而不同。

（3）操作时，请穿实验服并戴一次性手套。

四、甲苯胺蓝染色法

甲苯胺蓝是一种多色碱性染料,可使植物组织和细胞的不同成分染成不同的颜色。木质化部分呈蓝绿色,韧皮部分呈蓝紫色,其他部分呈浅的蓝绿色。

甲苯胺蓝染色法一般用于有韧皮部的植物染色。

1. 操作方法

(1) 切片脱蜡。

(2) 蒸馏水浸洗 3 次。

(3) 0.1％甲苯胺蓝液浸染 10 min。

(4) 水洗,洗去多余染液。

(5) 各级酒精脱水。

(6) 二甲苯透明,中性树胶封固。

2. 注意事项

(1) 第一次使用本试剂时建议先取 1～2 个样品做预实验。样品数量很多时,可使用染色架和染色缸,以便于操作。

(2) 甲苯胺蓝一般配制成 1％浓度的水溶液,具体使用浓度可自行稀释。

(3) 由于温度对染料的溶解度与着色力有很大的影响,若想快速染色,则当室温较低时,可以适当加温。

(4) 操作时,请穿实验服并戴一次性手套。

五、植物胼胝质染色法(苯胺蓝法)

胼胝质是 β-1,3-葡聚糖的聚合物。在植物的筛管代谢、配子体发育等生命活动中发挥着重要的调节作用,其合成、分解直接关系植物正常的生长代谢过程,因此,胼胝质的代谢是植物研究中的重要内容。苯胺蓝可与植物胼胝质特异性结合发出荧光,可用于检测植物中是否有胼胝质存在。

1. 操作方法

(1) 新鲜植物组织切成 2 mm 左右的薄片,植物叶片推荐裁剪成 1 cm×2 cm,幼嫩植物叶片可直接浸于 AAF 固定液或 Carnoy 固定液固定 24 h。

(2) 使用无水乙醇浸洗两次,每次 1 min,然后转入至少 10 倍体积的 100％乙醇中保存。

(3) 染色前取出组织,浸于 50％乙醇中平衡 30 min,取出稍沥干。

（4）随后浸于 1×PBS 中平衡 30 min，取出稍沥干。

（5）临用前配制染色工作液，组织切片滴加或浸于胼胝质染色工作液中，室温避光染色 1 h。

（6）在载玻片上滴加 25 μL 水性明胶封片剂或抗荧光衰减封片剂，小心地将染色后的组织转移至载玻片上，继续滴加少量封片剂后封片观察。

2. 注意事项

（1）在条件允许的情况下，推荐将浸于固定液中的植物组织负压真空处理 20 min，有助于固定液的渗透。

（2）如果暂时不进行实验或需同时处理大量样本，则可将样本浸于 100％乙醇中，这样可在 2～8 ℃保存至少 1 周。

（3）染色液有效成分易分解，建议临用前配制，在 3 h 内使用。使用过程中可能出现试剂颜色稍稍变浅的现象，这属于正常现象。

（4）操作时，请穿实验服并戴一次性手套。

六、植物过氧化氢染色法（DAB 法）

植物组织在胁迫环境条件下会产生多种活性氧（ROS），活性氧活性非常大且极其不稳定，因此活性氧的检测通常因其最终产物而定。过氧化氢是活性氧的一种。在过氧化氢酶的催化下，过氧化氢能与 3,3′-二氨基联苯胺四盐酸盐（DAB）迅速反应生成棕红色化合物，从而定位组织中的过氧化氢，根据基本原理，过氧化氢染色法也称为 DAB 法。

DAB 法用于植物活组织中的过氧化氢染色，一般应用于较嫩的根尖、叶片等的整体染色，染色后有过氧化氢聚集的部位呈棕色至深棕色。

1. 操作方法

（1）试剂准备：将 100 mg DAB 溶于 100 mL 磷酸缓冲液中，得到 DAB 染色液，在 4 ℃避光保存，一周内有效。注：DAB 对光敏感，溶解过程需要避光，如果较难溶解，可通过超声、磁力搅拌等方法促进溶解。

（2）采集经胁迫（如重金属）的植物幼苗或根尖，用纯水稍洗净，置于滤纸上吸干多余的水分。将植物幼苗或根尖浸没在 DAB 染液中，常温避光染色 2～6 h，至阳性部位出现深棕色，其余部位近无色或者呈植物本身的颜色即可，根据植物幼嫩程度、显色程度调整染色时间。

（3）用镊子将植株幼苗或者叶片小心取出，浸入纯水中来回漂洗 3～5 次，置于滤纸上吸干多余水分后，浸入 95％乙醇中 40 ℃处理 3～16 h，目的是脱去植株幼苗或者叶片本身的叶绿素，脱色期间可多次更换新鲜的 95％乙醇。

（4）用镊子取出植株幼苗或者叶片，浸入纯水中来回漂洗 3～5 次，置于滤纸上吸干多余水分后,将样本转入适量 DAB 样本保存液中浸泡 30 min,随后可取出拍照。样本可置于该保存液中常温保存一周。

2. 注意事项

(1) DAB 染色工作液配制好以后需在 4 ℃避光保存,一周内使用。存放时间过久,会影响显色。

(2) 因过氧化氢容易分解,且任何外在因素都可能刺激植物应激产生过氧化氢,因此植物样本需要采集新鲜的,并尽快完成染色。建议做阴性及阳性空白对照组。

(3) 样本染色完成后尽快拍照保存结果。

(4) 操作时,请穿实验服并戴一次性手套。

七、植物超氧阴离子染色法(NBT 法)

超氧阴离子是活性氧的一种,属于一种含氧自由基,能将氮蓝四唑(NBT)还原成不溶于水的蓝色甲䐶化合物,从而定位组织中的超氧阴离子。根据基本原理,超氧阴离子染色法也称为 NBT 法。

此方法用于植物活组织中的超氧阴离子染色。一般应用于较嫩的根尖、叶片等的整体染色,染色后有超氧阴离子聚集的部位呈蓝色至深蓝色。

1. 操作方法

(1) 试剂准备:将 50 mg NBT 用 100 mL Tris 缓冲液(pH 7.4)充分溶解,得到 NBT 染色工作液,在 4 ℃避光保存,一周内有效。

(2) 采集植物幼苗或根尖,用纯水稍洗净,置滤纸上吸干多余水分。将植物幼苗或根尖浸入 NBT 染色液中,常温避光浸染 2~6 h,至阳性部位出现深蓝色,其余部位为淡蓝色或近无色或呈植物本身的颜色即可(根据植物幼嫩程度、显色程度调整染色时间)。

(3) 用镊子将植物幼苗或者叶片小心取出,纯水漂洗 3~5 次,置于滤纸上吸干多余水分后,浸入 95%乙醇中 40 ℃处理 3~16 h,目的是脱去植株幼苗或者叶片本身的叶绿素或者淡蓝色背景,处理期间可多次更换新鲜的 95%乙醇。

(4) 用镊子取出植株幼苗或者叶片,浸入纯水中来回漂洗 3~5 次,置于滤纸上吸干多余水分后,将样本转入适量 NBT 样本保存液中浸泡 30 min,随后可取出拍照。样本可置于该溶液中常温保存一周。

2. 注意事项

(1) NBT 染色液配制好以后需 4 ℃避光保存,一周内使用。存放时间过久,会影响显色。

(2) 任何外在因素都可能刺激植物应激产生超氧阴离子,因此植物样本需要采集新鲜的,并尽快完成染色。建议做阴性及阳性空白对照组。

（3）样本染色完成后尽快拍照保存结果。

（4）操作时,请穿实验服并戴一次性手套。

参考自生物器材网（www. bio-equip. com）。

（王静）

植物形态和显微图的绘制

植物科学画是表现植物、认识植物的重要手段，其特点是：科学与艺术结合，既具有严格的科学性，又有较强的艺术性。把科学和美学有机地融为一体，达到和谐统一。

我国古代关于本草医药和农业生产方面的著述可谓卷帙浩繁，而它们多辅以植物图谱。在李时珍的《本草纲目》成书之前，已有《山海经》《南方草木状》《本草图经》《证类本草》《履巉岩本草》《普剂方》《救荒本草》等著作问世。

▉▍ 一、发展史

（一）中国植物科学画发展史

中国植物科学画的发展历经古代、近（现）代、现（当）代三个时期，不同时期所描绘植物而使用的绘画手法和所描绘的同一个对象在外部形态上都有着很大的差别。

1. 古代时期（19 世纪以前，即古代本草研究与传统绘画时期）

中国最早对植物的了解和应用主要是农业生产、本草医药的研究和文人雅士及皇室贵族们传统的艺术绘画。本草研究方面的绘画没有系统和完整地描绘植物的特征，但实用性很强；传统绘画方面主要是以文人雅士和皇室贵族为主，题材大都是花鸟与山水，艺术性较强。绘画工具皆为毛笔，主要技法为白描。宋代苏颂主持编撰的《本草图经》（1061 年）收录了 300 余种植物，是我国最早附有植物图的本草著作，也是植物科学绘图的雏形。此书的绘制多来自写生，药图栩栩如生。同时期的唐慎微的《证类本草》对宋代前的本草学成就进行了系统的总结,比李时珍 1596 年著的《本草纲目》早 500 余年,在本草学史上有重要意义。《本草品汇精要》是明代唯一的官修大型综合性本草和中国古代最大的一部彩色本草图谱。明代著名画家、书法家文俶绘制的《金石昆虫草木状》以明代弘治年间太医院编撰的《本草品汇精要》为蓝本,重新临摹并根据自己的心得进行艺术加工,共计 1316 幅彩图,以工笔描绘,粉彩敷色。与《本草品汇精要》相比,文俶仅保留了本草原料和名称,此书既是古代药物学专著,又是精美的绘画图集,具有较高的学术价值和艺术价值。清朝吴其濬 1848 年著的《植物名实图考》中的附图比先前本草书籍中的附图都要精确,能准确地反映植物的形态特征。

《证类本草》介绍了王不留行的性味、功能主治和采收情况等。《证类本草》中对王不留行的介绍如图 C-1 所示。

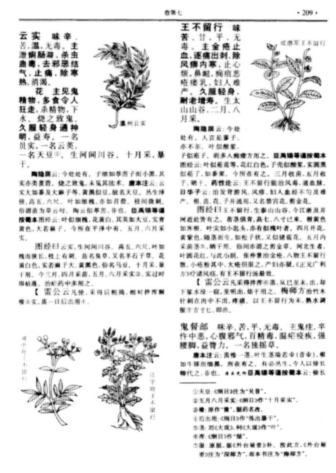

图 C-1　《证类本草》中对王不留行的介绍

《本草纲目》中石菖蒲的绘图如图 C-2 所示。

《金石昆虫草木状》中红蓝花和晋州款冬花的绘图如图 C-3 所示。

《本草品汇精要》中介绍了天名精的主治功能和适应证,如图 C-4 所示。

图 C-2　《本草纲目》中石菖蒲的绘图

图 C-3　《金石昆虫草木状》中红蓝花和晋州款冬花的绘图

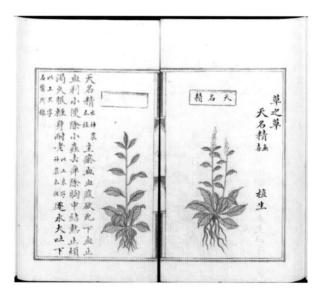

图 C-4　《本草品汇精要》中对天名精的介绍

2. 近(现)代时期(19 世纪中至 20 世纪中,引进西方植物学时期)

这个时期中国一度在科学文化发展方面闭关自守,植物科学绘画停滞不前。19 世纪中叶西学东渐,西方近代植物学知识和研究方法才逐步传入我国,随着引进西方近代植物学知识,近代植物科学绘画研究在中国开始萌芽,具有中国特色的植物科学绘画应运而生。绘画风格有独特的创新,同时结合西方绘画技巧,表现方法为精细美观线条,绘图工具仍为毛笔。英国传教士韦廉臣和中国学者李善兰合作编译的《植物学》是晚清传入我国的第一部系统介绍西方植物学知识的译著,书中插入了 200 多幅植物绘画,难能可贵的是其中部分画作还对植物解剖结构进行详细的描绘,对近代西方植物学在中国的传播和近代植物学的科学体系在中国的建立起到了奠基性的作用。《中国北部植物图志》（1933 年）、《中国森林植物志》（1937 年）、《峨眉植物图志》（1942 年）、《滇南本草图谱》（1945 年）、《中国树木分类学》（1959 年）成为中国近代植物学研究中最早的一批植物图谱，以上志书出版后，开创了中国近代植物科学画事业的先河。

《中国森林植物志》中紫果云杉的绘图和解剖如图 C-5 所示。

《滇南本草图谱》中南瓜绘图和解剖如图 C-6 所示。

 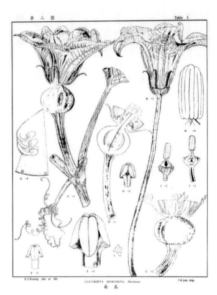

图 C-5 《中国森林植物志》中　　　　　图 C-6 《滇南本草图谱》中南瓜绘图和解剖
　　　　紫果云杉的绘图和解剖

《中国树木分类学》中对植物的描绘如图 C-7 所示。

图 C-7 《中国树木分类学》中对植物的描绘

3. 现(当)代时期(20世纪中至21世纪初,即现代植物学时期)

冯澄如是中国现代植物科学绘画的开拓者,他于1957年编写出版的《生物绘图法》是中国第一本生物科学绘图专著。新中国成立后国家为摸清中国的植物资源开始编辑的植物科学巨著《中国植物志》于2004年成书出版、在2009年获得国家自然科学一等奖,是世界上最大型、种类最丰富的著作,实现了中国三代植物学家的夙愿。此时期的绘画代表人物有刘春荣、张荣厚、冯晋庸和冯钟元。绘图工具主要为小毛笔和小钢笔,绘图方法是运用线条的长、短、粗、细,点线结合,表现更加细腻、自然、简洁、流畅。20世纪80年代,中国植物科学画开始走上国际植物学舞台,迎来了它的黄金时代。2003年由钱信忠主编、人民卫生出版社出版的《中国本草彩色图鉴》填补了历来药物文库中彩色图谱短缺的不足。同时,迅速发展起来的科技、照相机和网络得到普及,照相机和计算机技术对图像变革的影响巨大,越来越多的人走上了拍摄植物图像的行列,利用计算机制作植物更真实平面图的技术日趋成熟,伴之而生的是大量植物图像库的建设和应用。著名的植物图像库有中国植物图像库(PPBC)、中国数字植物标本馆(CVH)、中国自然标本馆(CFH)。

《中国植物志》中对附生杜鹃的绘图和解剖如图C-8所示。

《中国本草彩色图鉴》中小叶六道木的绘图如图C-9所示。

图C-8 《中国植物志》中对附生
杜鹃的绘图和解剖

图C-9 《中国本草彩色图鉴》中
小叶六道木的绘图

（二）世界植物科学绘图简史

15～17 世纪世界大发现时期,欧洲人也开始了"物种大发现"。《花卉圣经》中有 179 幅制作精美、描绘生动的花卉图谱,每一幅都是由 300 多年来最杰出的花卉画家精心绘制,代表着西方植物图谱绘画专业的最高水平。现代意义上的植物科学绘画发端于 18 世纪左右的欧洲,在此之前,西方文艺复兴时期的绘画技法充分运用了透视法和解剖学的原理,能够更真实地还原植物形象。植物科学画的出现是为了"记录",18 世纪、19 世纪西方植物绘画的作品数量达到了巅峰。1787 年,英国皇家植物园创办的《柯蒂斯植物学杂志》,以欧洲本土珍稀观赏花卉和从美洲、亚洲引入的奇异植物物种为绘画主题。几乎在同一时期,法国人雷杜德创作了大量的植物绘画,这些作品蕴含着丰富的植物形态学知识,极具写实性和学术性。

《柯蒂斯植物学杂志》中的花卉图谱如图 C-10 所示。

图 C-10 《柯蒂斯植物学杂志》中的花卉图谱

近年来,药用植物学绘图在技术手段和方法上取得了显著的进步。传统的手工绘图已经被数字化绘图技术取代,使药用植物的描述更加准确和精细。同时,随着大数据和人工智能的发展,药用植物学绘图与计算机科学的交叉应用也取得了一系列新的突破。基于机器学习算法的自动识别和分类系统可以提高药用植物的鉴别速度和准确性,其中 AI 技术尤为突出。AI 技术不断发展,诸多绘图软件(如 Midjourney、Pixso AI、Art-Breeder、NeuralStyler AI 等)具有强大的绘图功能,可以使绘制植物图谱更为精确。可以说,随着 AI 技术的不断发展,药用植物学绘图工作已经进入了一个全新的时代。这些 AI 工具的出现,不仅提高了绘图工作的效率,也为我们更好地研究和利用药用植物提供了强有力的支持。

科技的发展已经使药用植物学绘图工作更为智能化和高效化。面对这些强大的工具,我们应当善于利用各类辅助工具和技术以提高绘图效率和精度,从而为药用植物学研究做出更大的贡献。

二、绘图方法

药用植物生物绘图比文字介绍生动、具体,可以帮助学生理解、记忆药用植物的结构和特征,是学习药用植物形态解剖时必须掌握的技能。下面介绍三种植物药材组织显微图的绘制方法。

1. 药材组织简图绘制法

采用一定的图案符号表示药材切面中各种组织(即某些特殊构造)的层次和分布范围,这种组织图称为组织简图。绘制方法如下。

(1)制作标本片:制作反差较大的标本片,如各种二重、三重染色的石蜡切片,经间苯三酚-浓盐酸、氯化锌碘液或其他试剂染色后的徒手切片,要求组织结构清晰、界限分明。

(2)观察:描绘前,需要仔细观察标本片,熟悉切片中各种组织的构造层次、重要鉴别特征的位置、各种组织所占的比例等。

(3)勾画轮廓图:① 用幻灯机或投影仪将标本片投像于绘图纸上,调整合适的放大倍数,用3H(2H)铅笔轻轻勾画出各个部位的轮廓,将不清晰的部位置显微镜下,用显微测量加以校正;② 对于小型材料,可以直接用描绘器进行勾画;③ 徒手勾画法,用铅笔在纸上轻轻勾画出标本的轮廓形状,勾画草图时对照观察所画轮廓大小与标本各部分的比例,描绘植物的形态特征和组成,绘图时允许重点描绘植物的重要形态特征,仅绘出其余部分轮廓以表示其完整性。

(4)修正铅笔图:用HB型铅笔修正上述轮廓图,将各部位重要特征分别用规定的简图符号细心地描绘成铅笔图。

(5)图注及图名:在绘完简图后,用整齐的引线将各部位依次向右方或上、下方(叶类中药)引出,写上图注,图下方写上图的名称并注明放大倍数。

(6)注意事项:① 绘简图符号时,应注意线条的平直和圆顺,点应均匀圆正,色调一致;② 简图是平面图,不应绘出立体感,所有部位均用符号表示,不应把某个部位绘成详图;③ 简图一般要求整体性和全面性,但有的药材也可只绘局部或主要部位。

简图符号如图C-11所示。

2. 药材组织详图绘制法

组织详图是把组织中各种细胞,由外向内一次绘出的组织图。绘制方法如下。

(1)制作标本片:制作反差较大的标本片,如各种二重、三重染色的石蜡切片,经间苯三酚-浓盐酸、氯化锌碘液或其他试剂染色后的徒手切片,要求组织结构清晰、界限分明。

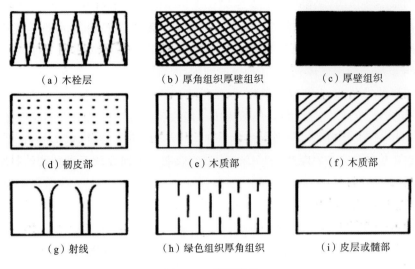

（a）木栓层　　（b）厚角组织厚壁组织　　（c）厚壁组织

（d）韧皮部　　（e）木质部　　（f）木质部

（g）射线　　（h）绿色组织厚角组织　　（i）皮层或髓部

图 C-11　简图符号

（2）观察：描绘前，需要仔细观察标本片，熟悉切片中各种组织的构造层次、重要鉴别特征的位置、各种组织所占的比例等。

（3）勾画轮廓图：利用描绘器观察绘图，或显微拍照后依据照片绘图。先用 3H 铅笔绘出草图。直径较小的组织可全部绘出，直径大的组织可由外向内分成数段，选取最有鉴别意义的组织特征描绘。描绘时，各段及各部位细胞的放大倍数应一致，应依次准确绘出各种细胞及内含物等，切忌随意填充。

（4）详图中各类细胞的表示法及各种类型铅笔的使用。① 各类细胞的表示法一般有单线条法、双线条法、三线条法三种。单线条法适用于薄壁细胞；双线条法适用于略增厚壁的细胞；三线条法适用于成群的厚壁细胞及导管。如果细胞单个散在，则采用双线条法。② 常用的绘图铅笔：B、HB 铅笔适合绘粗线条，如绘厚壁细胞、导管的外缘线；H、2H 铅笔适合绘中线条，如绘薄壁细胞、结晶体、淀粉粒等；3H 铅笔适合绘细线条，如绘厚壁细胞、导管的内缘线、层纹、纹孔等。普通实验绘图用 HB、2B、4B 铅笔即可。

（5）修正铅笔图：将勾画的轮廓图用不同型号（硬度）的铅笔和（4）中规定的画法修整成铅笔图。

（6）图注和图名：按简图法写上图注、图名和放大倍数。

（7）注意事项：组织详图是细胞的平面图，但应注意绘出细胞内含物以及厚壁细胞的立体感。

3．药材粉末图绘制法

粉末图是描绘药材粉末中具有鉴别意义的组织碎片、细胞或细胞内含物形态的特征图。绘制方法如下。

（1）制作合适的粉末标本片，仔细观察。

（2）用描绘器作图，或镜检时直接作图。

（3）选择有鉴别意义的特征如实描绘。常见的粉末特征有导管、各种厚壁细胞、内含物、分泌组织、毛茸等。注意观察和描绘不同的角度和断面，如表面观、断面观、极面观、赤道面观等。注意绘出立体感，如各种厚壁细胞、内含物、毛茸、导管等。

（4）图版的排列、大小和放大倍数：图版排列的原则为各类特征相对集中，又要与其他特征适当交叉、美观、充实、大方；图版大小一般按各出版社要求的大小或倍数计算；同一张粉末图中，要求使用同一个放大倍数。

（5）修正铅笔图：按详图绘制法中的（4）（5）进行。

（6）图注和图名：在绘完铅笔图后，将各类粉末特征标上数码，在图下写明图的名称、放大倍数，在其下面注明特征数码的图注。

（7）注意事项：① 图版排列时，应注意突出重点特征，使重点特征占主要版面，次要特征占次要版面或填补空隙，既不能过于密集、繁杂，又不能过于稀疏、松散，切忌纵、横排队式；② 图片的大小要适中，根据图纸的大小和图的多少确定。

▊▊ 三、本书中植物组织、器官绘图举例

本书中植物组织、器官绘图举例如图 C-12～图 C-63 所示。

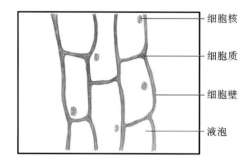

图 C-12　洋葱表皮细胞

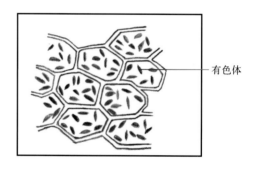

图 C-13　辣椒有色体

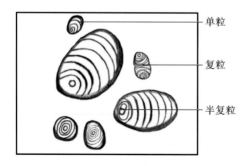

图 C-14　土豆淀粉粒

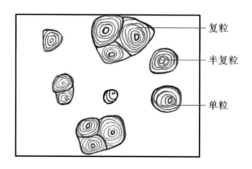

图 C-15　半夏淀粉粒

图 C-16　浙贝母淀粉粒(单粒)

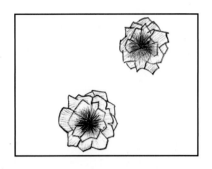

图 C-17　大黄簇晶

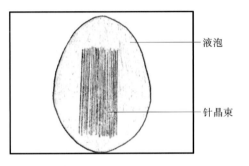

液泡

针晶束

图 C-18　半夏针晶束

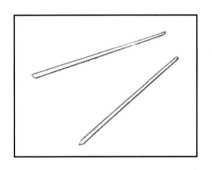

图 C-19　半夏针晶

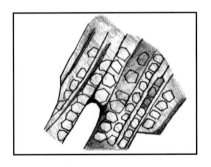

图 C-20　方晶(透化较完全)

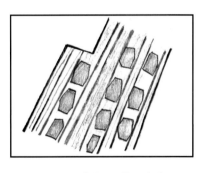

图 C-21　方晶(透化不完全)

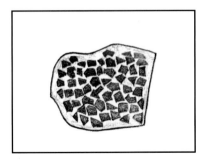

图 C-22　地骨皮砂晶

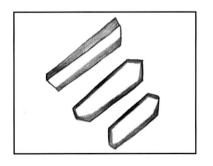

图 C-23　射干柱晶

115

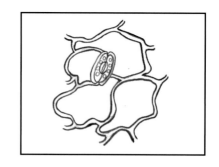

图 C-24　不定式气孔

副卫细胞
气孔
保卫细胞

图 C-25　不等式气孔

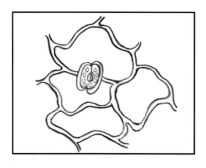

图 C-26　直轴式气孔

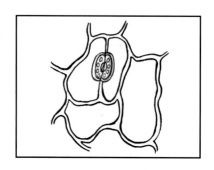

图 C-27　平轴式气孔

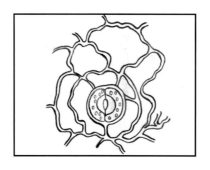

图 C-28　环式气孔

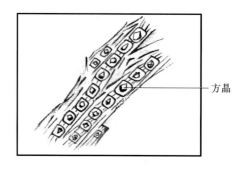

方晶

图 C-29　黄柏晶鞘纤维(浅黄色)

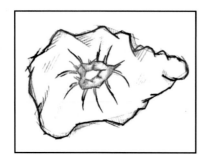

图 C-30　黄柏石细胞(黄色)

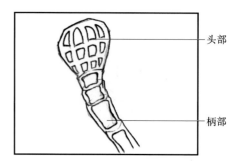

头部

柄部

图 C-31　金银花腺毛

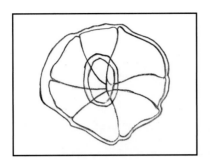

图 C-32　薄荷叶腺鳞

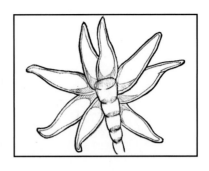

图 C-33　石韦非腺毛

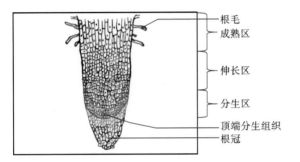

图 C-34　洋葱根尖细胞

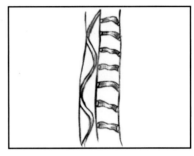

图 C-35　豆芽螺纹和梯纹导管

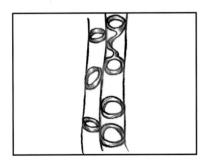

图 C-36　豆芽环纹导管

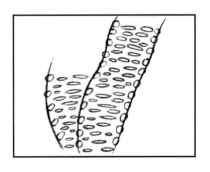

图 C-37　大黄网纹导管

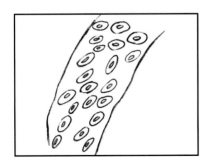

图 C-38　大黄具缘纹导管

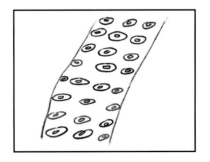

图 C-39　甘草具缘纹孔导管

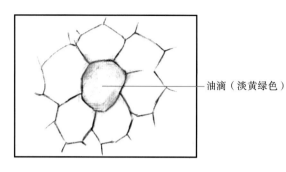

图 C-40　油细胞

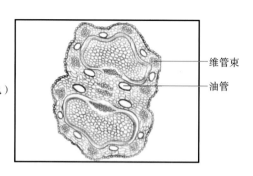

维管束

油管

图 C-41　小茴香横切面永久制片

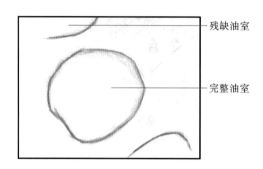

残缺油室

完整油室

图 C-42　丁香油室

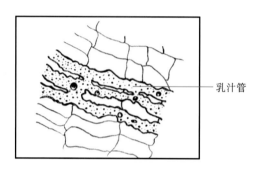

乳汁管

图 C-43　桔梗乳汁管

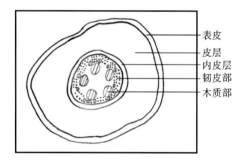

表皮

皮层

内皮层

韧皮部

木质部

图 C-44　毛茛根横切面永久制片简图

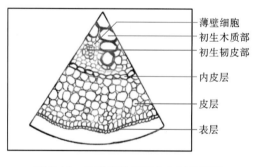

薄壁细胞

初生木质部

初生韧皮部

内皮层

皮层

表层

图 C-45　毛茛根横切面永久制片详图

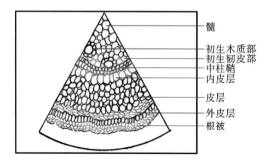

髓

初生木质部

初生韧皮部

中柱鞘

内皮层

皮层

外皮层

根被

图 C-46　直立百部横切面永久制片详图

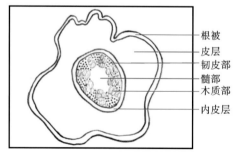

根被

皮层

韧皮部

髓部

木质部

内皮层

图 C-47　直立百部根横切面永久制片简图

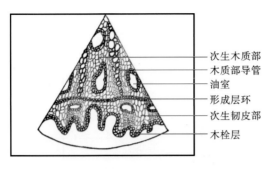

图 C-48　木香根横切面永久制片详图

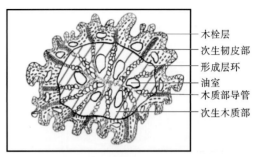

图 C-49　木香根横切面永久制片简图

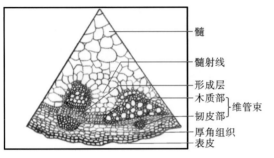

图 C-50　向日葵幼茎横切面永久制片详图

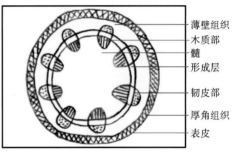

图 C-51　向日葵幼茎横切面永久制片简图

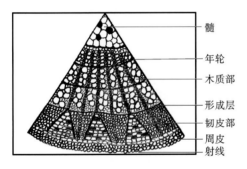

图 C-52　多年生椴树茎横切面永久制片详图

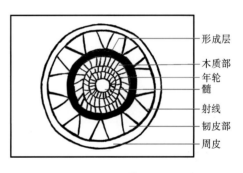

图 C-53　多年生椴树茎横切面永久制片简图

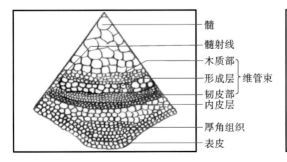

图 C-54　薄荷茎横切面永久制片详图

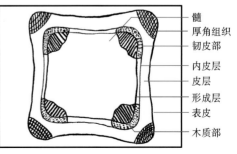

图 C-55　薄荷茎横切面永久制片简图

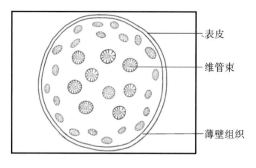

图 C-56　玉蜀黍茎横切面永久制片详图

图 C-57　玉蜀黍茎横切面永久制片简图

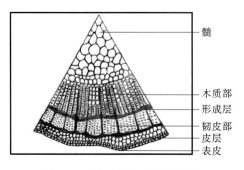

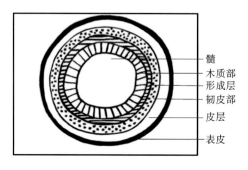

图 C-58　樟树茎临时制片详图

图 C-59　樟树茎临时制片简图

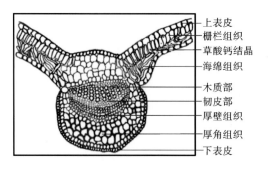

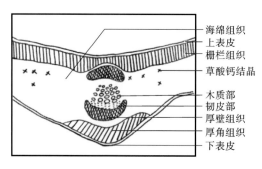

图 C-60　薄荷叶永久制片详图

图 C-61　薄荷叶永久制片简图

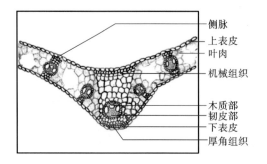

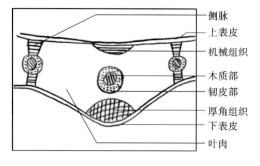

图 C-62　小麦叶永久制片详图

图 C-63　小麦叶永久制片简图

■ll[参考文献]

[1] 孙英宝，马履一，覃海宁. 中国植物科学画小史[J]. 植物分类学报，2008，46
(5)：772-784.

[2] 贾晗，付绍智. 浅析我国近现代植物认知类图像的发展历程[J]. 现代园艺，
2017，(10)：119.

[3] 植物科学绘画的前世今生[N]. 中国社会科学报，2017，(03)：2816.

[4] 宋田田. 民族古籍医书插图绘画艺术研究[J]. 中国民族博览，2020，(04)：
251-252.

（李涵、卢心雨）